SAMMLUNG ASTROPHYSIK

Die Wolken (Volume II)

Jose Ruiz Watzeck

INHALT

VORWORT

lieber Leser,

Mit großer Zufriedenheit präsentiere ich Ihnen den zweiten Band der Astrophysics Collection – Wie Nebel werden wir in diesem Buch über ein sehr faszinierendes Thema der Astronomie sprechen. In diesem Buch werden wir versuchen zu verstehen, was Nebel sind und welche wissenschaftliche und astronomische Bedeutung sie haben.

Die Entdeckungsgeschichte und die Studien werden in dieser Arbeit behandelt. Wir werden uns auch mit den chemischen und physikalischen Eigenschaften von Sternen befassen, einschließlich des Vorhandenseins von kosmischem Schnee, interstellarem Staub, organischen Molekülen und anderen chemischen Elementen.

Die Motivation, dieses zweite Buch zu schreiben, resultierte aus meiner eigenen Faszination für das Thema und der Wahrnehmung, dass viele Menschen sich der enormen Menge an Informationen, die Nebel uns über die Entstehung und Entwicklung des Universums bieten, nicht bewusst sind.

Ich hoffe, dass dieses Buch einen breiteren und tieferen Einblick in das Thema vermitteln und in Ihnen, dem Leser, den gleichen Charme wecken kann, den ich für dieses sehr wichtige und anregende Thema der Astronomie empfinde.

Dein, Jose Ruiz Watzeck

EINFÜHRUNG

Nebel sind faszinierende Himmelsobjekte, die Menschen seit jeher faszinieren und inspirieren. Allerdings haben wir erst vor kurzem begonnen, die Rolle, die Nebel im Universum spielen, besser zu verstehen. Tatsächlich wissen wir heute, dass sie nicht nur schön, sondern auch äußerst wichtig für die Astronomie und das Verständnis des Universums sind.

Ein Nebel ist eine Wolke aus kosmischem Gas und Staub, die normalerweise in Sternentstehungsregionen vorkommt. Diese Wolken können riesig sein, Tausende von Lichtjahren umfassen und bestehen hauptsächlich aus Wasserstoff, Helium und anderen Gasen. Das Aussehen von Nebeln kann je nach Zusammensetzung, Dichte und Temperatur der Wolken variieren.

Die Bedeutung von Nebeln für die Astronomie ist vielfältig. Erstens liefern uns Nebel wertvolle Informationen über die Sternentstehung und die Entwicklung des Universums. Da diese Wolken die Kinderstube der Sterne sind, ist ihre Untersuchung für die Wissenschaft äußerst wichtig.

KAPITEL 1: WAS SIND NEBEL?

Nebel sind Staub- und Gaswolken im interstellaren Raum. Sie bestehen hauptsächlich aus Wasserstoff und Helium sowie geringen Mengen anderer Elemente. Die Größe von Nebeln reicht von der Größe unseres Sonnensystems bis hin zu mehreren hundert Lichtjahren.

Astronomen haben mehrere Arten identifiziert, darunter Emissionsnebel, Reflexionsnebel und Dunkelnebel. Emissionsnebel zeichnen sich durch ihre rötliche Farbe aus, die durch ionisierte Wasserstoffatome entsteht. Reflexionsnebel erscheinen blau, weil das Licht von nahegelegenen Sternen vom Staub im Nebel reflektiert wird. Dunkle Nebel sind dichte Staubregionen, die das Licht der dahinter liegenden Sterne vollständig blockieren.

Nebel sind für die Astronomie wichtig, weil sie die Orte sind, an denen Sterne entstehen. Große Molekülwolken innerhalb von Nebeln beginnen sich unter dem Einfluss der Schwerkraft zusammenzuziehen und bilden schließlich Protosterne und dann Sterne. Ohne Nebel gäbe es weder Sterne noch Planetensysteme, einschließlich unseres eigenen Sonnensystems.

Die Nebel sind auch deshalb wichtig, weil sie Hinweise auf die Geschichte des Universums geben. Die chemische Zusammensetzung von Nebeln spiegelt die Zusammensetzung der Sterne wider, aus denen sie entstanden sind, und ermöglicht es Astronomen, die chemische Entwicklung des Universums im Laufe der Zeit zu untersuchen.

ein Emissionsnebel Es handelt sich um eine Wolke aus ionisiertem Gas, die Licht in verschiedenen Farben aussendet. Die häufigste Ionisationsquelle in diesen Nebeln sind hochenergetische Photonen, die von einem nahegelegenen heißen Stern emittiert werden. Zu den verschiedenen Arten von Emissionsnebeln gehören H-II-Regionen, in denen Sternentstehung stattfindet und massereiche junge Sterne die Quelle dieser Photonen sind.

Normalerweise ionisiert ein junger Stern einen Teil derselben Wolke, in der er geboren wurde. Nur große, heiße Sterne können die Energiemenge freisetzen, die zur Ionisierung eines erheblichen Teils der Wolke erforderlich ist. Oft wird diese Arbeit von einer ganzen Gruppe junger Stars geleistet.

Die Farbe des Nebels hängt von seiner chemischen Zusammensetzung und dem Ausmaß der Ionisierung ab. Aufgrund der hohen Verbreitung von Wasserstoff im interstellaren Gas und seines relativ geringen Energiebedarfs sind viele Emissionsnebel rot. Steht mehr Energie zur Verfügung, können andere Elemente ionisiert werden und es entstehen dann die Farben Grün und Blau. Durch die Untersuchung des Spektrums eines Nebels können Astronomen auf seinen chemischen Inhalt schließen. Die meisten Emissionsnebel enthalten etwa 90 %

Wasserstoff, die restlichen 10 % sind Helium, Sauerstoff, Stickstoff und andere Elemente.

Zu den beeindruckendsten Emissionsnebeln, die von der Nordhalbkugel aus sichtbar sind, gehören der Lagunennebel (M8) und der Orionnebel (M42).

der Reflexionsnebel Dabei handelt es sich um eine Art Nebel, der aus interstellarem Staub besteht und das Licht von nahegelegenen Sternen reflektiert. Im Gegensatz zu Emissionsnebeln emittieren Reflexionsnebel kein eigenes Licht, sondern reflektieren das Licht von nahegelegenen Sternen, was ihnen einen bläulichen Farbton verleiht.

Diese Nebel werden normalerweise in der Nähe heißer, junger Sterne gefunden, da das Licht dieser Sterne intensiv genug ist, um den umgebenden Staub zu erhellen. Staub reflektiert dieses Licht dann und erzeugt einen bläulich aussehenden Nebel.

Einer der bekanntesten Reflexionsnebel ist der M78-Nebel, der sich im Sternbild Orion befindet. Dieser Nebel ist an Orten mit geringer Lichtverschmutzung mit bloßem Auge sichtbar.

Reflexionsnebel sind für die Astronomie wichtig, da sie zur Untersuchung der Eigenschaften von Sternen in ihrer Nähe, wie etwa ihrer Leuchtkraft, Temperatur und chemischen Zusammensetzung, genutzt werden können. Darüber hinaus kann die Analyse des von Nebeln reflektierten Lichts Aufschluss über die Zusammensetzung und Verteilung von interstellarem Staub geben.

Sie sind oft blau, weil die Streuung bei blauem Licht effizienter ist als bei rotem Licht (es ist derselbe Prozess, der dem Himmel seine blaue Farbe und die roten Farbtöne von Sonnenuntergängen verleiht).

Reflexionsnebel und Emissionsnebel werden oft zusammen beobachtet und manchmal auch als diffuse Nebel bezeichnet. Ein Beispiel hierfür ist der Orionnebel.

Es sind etwa 500 Reflexionsnebel bekannt. Einer der bekanntesten Reflexionsnebel ist der, der die Sterne der Plejaden umgibt. Im selben Himmelsbereich wie der Trifidnebel ist auch ein blauer Reflexionsnebel zu sehen.

Der Riesenstern Antares (Spektralklasse M1) ist von einem großen roten Reflexionsnebel umgeben. Reflexionsnebel sind häufig Orte der Sternentstehung.

die dunklen Nebel Dabei handelt es sich um Himmelsformationen, die aus dichten Wolken aus interstellarem Staub und Gas bestehen und das Licht der dahinter liegenden Sterne blockieren. Sie werden auch als Absorptionsnebel bezeichnet, da das Licht der Sterne vom Staub in den Wolken absorbiert wird und diese Bereiche vor dem Hintergrund des Sternenhimmels verdecken.

Diese Nebel sind wichtig für die Astronomie, da sie Wissenschaftlern helfen, die Entstehung und Entwicklung von Sternen zu verstehen. In den Staub- und Gaswolken in den Dunkelnebeln entstehen Sterne, da die in diesen Regionen vorhandene Schwerkraft ausreicht, um Materie zu komprimieren und den Sternentstehungsprozess in Gang zu setzen.

Durch die Untersuchung dunkler Nebel können Astronomen Bereiche des Universums identifizieren, in denen Sternentstehungsprozesse stattfinden, und die physikalischen Eigenschaften dieser Regionen wie Dichte, Temperatur und chemische Zusammensetzung untersuchen. Darüber hinaus ist der in diesen Nebeln vorhandene Staub für die Absorption und Streuung des Lichts der Sterne verantwortlich, was es ermöglicht, Studien über die Zusammensetzung des Universums durchzuführen und entfernte Himmelsobjekte zu identifizieren.

Aufgrund ihrer Bedeutung in der Astronomie werden Dunkelnebel häufig von Astronomen untersucht und beobachtet. Zu den bekanntesten Dunkelnebeln zählen der Pferdekopfnebel im Sternbild Orion und der Kometennebel im Sternbild

Schlangenträger.

Es ist wichtig zu beachten, dass Dunkelnebel nicht mit Emissionsnebeln verwechselt werden sollten, bei denen es sich um leuchtende Nebel handelt, die elektromagnetische Strahlung aussenden. Dunkle Nebel hingegen sind dunkel und absorbieren das Licht der Sterne hinter ihnen.

NGC 2068 Messier 78, ein Reflexionsnebel.

Planetarische Nebel Sie entstehen, wenn ein sonnenähnlicher Stern das Ende seines Lebens erreicht und in seinem Kern kein Kernbrennstoff mehr vorhanden ist. Dieser Prozess führt zu einer Reihe von Transformationen, bei denen der Stern seine äußeren Schichten in einem Sternwind abwirft, der beeindruckende Geschwindigkeiten von bis zu 1.000 km/s erreichen kann und eine Wolke aus Gas, Plasma, ionisiertem Gas und Staub um den Zentralstern bildet . .

Diese Wolke ähnelt einem riesigen Planeten in Form eines Rings oder einer Blase, wenn man sie durch ein Teleskop betrachtet. Trotz des vielsagenden Namens haben diese astronomischen Objekte nichts mit echten Planeten zu tun.

Planetarische Nebel sind relativ selten und kommen meist in älteren Galaxien wie der Milchstraße vor. Diese Prozesse sind wichtig für das Recycling von Materialien in der Galaxie, da das vom Zentralstern ausgestoßene Gas und Staub in Zukunft neue Sterne und Planeten bilden könnte.

Die Untersuchung planetarischer Nebel ist wichtig für das Verständnis der Sternentwicklung und der Galaxiendynamik. Astronomen nutzen diese Objekte als natürliche Laboratorien, um theoretische Modelle der Sternentwicklung zu testen und zu verstehen, wie Sterne altern und sterben. Eine weitere entscheidende Information für die Wissenschaft ist die Voraussetzung, die sie uns geben, um die Abstände zwischen einer Galaxie und einer anderen messen zu können.

Vom visuellen Prisma aus sind sie mit ihren leuchtenden Farben und komplexen Formen ein unvergesslicher Anblick. Die Form jedes planetarischen Nebels ist einzigartig, abhängig von der Masse und dem Alter des Zentralsterns sowie der Art und Weise, wie der Sternwind mit ihm interagiert interstellar. Hälfte. . Einige planetarische Nebel sind rund, andere haben die Form eines Schmetterlings, eines Wolfes oder einer Spirale.

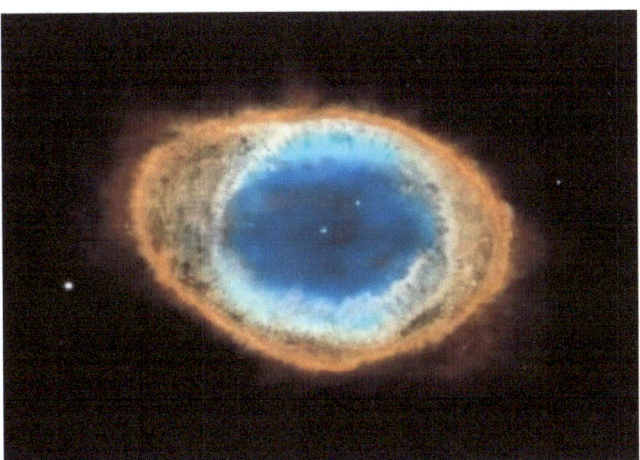

Der Helixnebel. Bildnachweis: NASA, ESA und CR O'Dell.

Der Krebsnebel, ein Supernova-Überrest.
Bildnachweis: NASA, ESA.

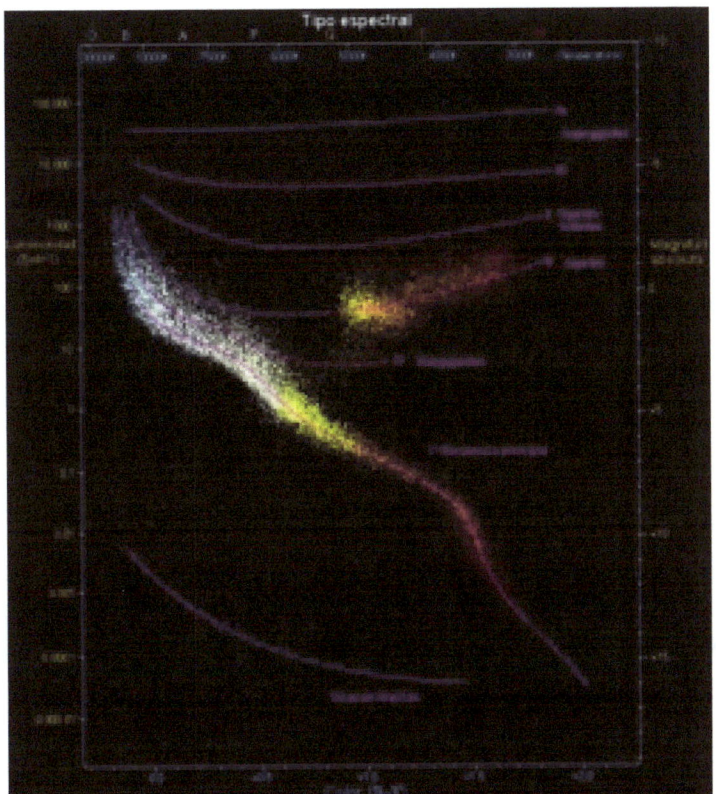

Hertzsprung-Russell-Diagramm. Die meiste Zeit ihres Bestehens befinden sich Sterne in der Hauptreihe. Wenn schließlich der Wasserstoff zur Neige geht, werden sie zu Roten Riesen (oben rechts). Wenn der Stern schließlich zwischen 1 und 8 Sonnenmassen hat, wird er zu einem Weißen Zwerg (unten) mit einem sehr kleinen Radius und erzeugt einen planetarischen Nebel.

KAPITEL 2: DIESÄULEN DER SCHÖPFUNG

Der Säulen-der-Schöpfungs-Nebel ist ein Himmelsobjekt im Sternbild Adler, etwa 7.000 Lichtjahre von der Erde entfernt. Dieser Nebel verdankt seinen Namen seinem einzigartigen Aussehen, das an in den Himmel aufsteigende Rauchwolken erinnert. Es wurde 1995 vom Hubble-Weltraumteleskop entdeckt und war eines der am häufigsten fotografierten und untersuchten Objekte von Hubble.

Dieser Nebel ist eine Sternentstehungsstätte, in der sich aus interstellarem Gas und Staub neue Sterne bilden. In einer dichten Region mit Staub- und Gassäulen, die sich über mehrere Lichtjahre erstrecken, sind sie das Ergebnis der Wirkung massereicher und heißer Sterne, die sich im Nebel gebildet haben. Diese Sterne strahlen intensive ultraviolette Strahlung aus und bilden so ikonische Säulen.

Die Säulen bestehen hauptsächlich aus Wasserstoff, dem am häufigsten vorkommenden Element im Universum. Ultraviolette Strahlung heißer Sterne ionisiert Wasserstoff zu Plasma, ein Prozess, der eine helle, heiße Region um die Sterne herum erzeugt, während angrenzende Bereiche dunkel und kühl bleiben. , mit Staub bedeckt. Diese dunklen Bereiche werden als Staubklumpen bezeichnet und sind der Ort, an dem sich nach Tausenden von Jahren neue Sterne bilden.

Das Gas und der Staub in diesen Wolken werden durch die Schwerkraft angezogen und bilden immer dichtere Strukturen, bis Druck und Temperatur einen kritischen Punkt erreichen und ein neuer Stern entsteht.

Bild erstellt vonJames Webb-Weltraumteleskopab 2022.

Nach Angaben der NASA (National Aeronautics and Space Administration – Nationale Luft- und Raumfahrtbehörde) existieren die Säulen nicht mehr. Wir sehen, was früher daran lagLichtgeschwindigkeit. Neuere Bilder, die mit dem Spitzer-Weltraumteleskop aufgenommen wurden, zeigten eine warme Wolke, die die Säulen der Schöpfung umgibt. Was für viele ausreichte, um es als eine von einer Supernova erzeugte Schockwelle zu interpretieren. Die Form der Wolke lässt vermuten, dass diesuper neuEs explodierte vor etwa 6.000 Jahren und zerstörte alle drei Säulen. Wenn man die Entfernung von 7.000 Lichtjahren von der Erde berücksichtigt, wird die Explosion innerhalb von 1.000 Jahren hier auf der Erde sichtbar sein. Es gibt eine andere Theorie, die von anderen Astronomen unterstützt wird, die argumentieren, dass diese heiße Wolke nichts anderes als eine stärker als erwartete Radio- und Röntgenemission der Supernova ist und dass der Staub durch den Sternwind erhitzt worden sein könnte. Wenn dies der Fall ist, werden die Säulen der

Schöpfung langsamer erodieren.

Infrarotbild, aufgenommen vom Hubble-Weltraumteleskop im Jahr 2014.

KAPITEL 3: HELIXNEBEL

Der Helixnebel besteht hauptsächlich aus Wasserstoff, Helium und ionisiertem Sauerstoff und hat einen Durchmesser von etwa 2,5 Lichtjahren. Man nennt ihn einen planetarischen Nebel, weil sein Aussehen dem eines Planeten ähnelt, obwohl er eigentlich das Ergebnis der Endphase eines sonnenähnlichen Sterns ist. Wenn einem Stern der Treibstoff ausgeht, beginnt er, seine äußeren Gasschichten abzuwerfen, die in den interstellaren Raum geschleudert werden. Diese Schichten bilden eine Wolke aus Gas und Staub, die von der ultravioletten Strahlung des zentralen verbleibenden Sterns beleuchtet wird und so den planetarischen Nebel erzeugt.

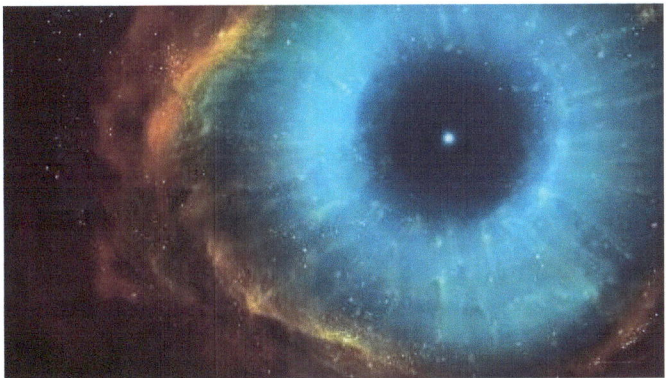

Helixnebel, auch Helixnebel genannt,
Die Helix oder NGC 7293

Der Helixnebel ist mit einer scheinbaren Helligkeit von 7,3 einer der hellsten planetarischen Nebel am Nachthimmel. Mit einem kleinen Teleskop ist es gut sichtbar, seine Form und Details sind jedoch nur mit größeren, leistungsstärkeren Instrumenten erkennbar. Der Nebel hat ein kreisförmiges Aussehen mit einem hellen zentralen Ring, der von einer diffusen Gas- und Staubschicht umgeben ist. Das Zentrum besteht aus ionisiertem Gas und wird vom verbleibenden Zentralstern beleuchtet. Der Ring ist in verschiedene Abschnitte unterteilt, die als „Knötchen" bekannt sind und hellere, dichtere Gasbereiche sind. Die diffuse Schicht, die den zentralen Ring umgibt, besteht hauptsächlich aus nichtionisiertem Gas und Staub.

NGC 7293 wird der NASA zugeschrieben

Astronomen haben den Helixnebel mit verschiedenen Instrumenten untersucht, darunter dem Hubble-Weltraumteleskop und der Europäischen Südsternwarte. Diese Beobachtungen haben viele faszinierende Details über den Nebel enthüllt, darunter seine dreidimensionale Struktur, das Vorhandensein von Gasstrahlen und die Art und Weise, wie die ultraviolette Strahlung des verbleibenden Zentralsterns das den Nebel umgebende Gas ionisiert.

NGC 7293 wird der NASA zugeschrieben

KAPITEL 4: KREBSNEBEL

Der Krebsnebel ist ein Himmelsobjekt im Sternbild Stier, auch bekannt als Messier 1, NGC 1952 und Taurus A. Es handelt sich um einen Supernova-Überrest und einen Pulsarwindnebel. Ihre Entdeckung erfolgte 1731 durch John Bevis und ihr Ursprung geht auf die strahlende Supernova SN 1054 zurück, die 1054 von chinesischen und arabischen Astronomen aufgezeichnet wurde.

Mit einem Durchmesser von 11 Lichtjahren und einer Entfernung von etwa 6.500 Lichtjahren von der Erde ist der Nebel die intensivste Quelle von Röntgen- und Gammastrahlen mit Energien über 30 KeV und einem Lichtenergiefluss von mehr als 10^{12} eV. Es dehnt sich ständig mit einer Geschwindigkeit von etwa 1.500 Kilometern pro Sekunde aus.

Im Zentrum des Nebels befindet sich der Krebspulsar, ein Neutronenstern, der periodische Strahlungsimpulse aussendet, die nahezu das gesamte elektromagnetische Spektrum abdecken. Mit einem Durchmesser zwischen 28 und 30 Kilometern rotiert dieser Stern mit einer Frequenz von 30,2 Mal pro Sekunde, was einer Periode von nur 33 Millisekunden entspricht. Dieser Pulsar war das erste astronomische Objekt, das mit einer Supernova-Explosion in Verbindung gebracht wurde.

Der Krebsnebel wird als Strahlungsquelle für die Untersuchung anderer Himmelskörper verwendet, die ihn verbergen. Beispielsweise wurde in den 1950er und 1960er Jahren die Sonnenkorona anhand von Beobachtungen der Radiowellen des durch sie hindurchtretenden Nebels kartiert. Im Jahr 2003 wurde die Dicke der Atmosphäre von Titan, dem Saturn-Satelliten, gemessen, wodurch Röntgenstrahlen aus dem Nebel durch die Atmosphäre des Satelliten blockiert wurden.

Der Astronom John Bevis entdeckte den Supernova-Überrest

im Jahr 1731 und nahm ihn in seinen Sternenatlas mit dem Titel Uranographia Britannica auf. Später, am 28. August 1758, verwechselte der französische Astronom Charles Messier es mit einem schwach hellen Kometen, während er auf die Rückkehr des Halleyschen Kometen wartete, führte es jedoch bald als ersten Eintrag in seinem berühmten Katalog auf, nachdem er bestätigt hatte, dass das Objekt keine eigene Bewegung hatte. . Diese Entdeckung veranlasste Messier, seinen Katalog zusammenzustellen und mit Hilfe eines Teleskops nach neuen Deep-Sky-Objekten zu suchen, um weitere Fehler zu vermeiden.

Der Name „Krabbennebel" wurde 1844 vom Earl of Rosse, William Parsons, aufgrund der Ähnlichkeit des Objekts mit dem Tier in seiner Skizze vergeben. Obwohl der Astronom William Herschel fälschlicherweise behauptete, der Nebel könne mit Hilfe leistungsfähigerer Teleskope zu einem Sternhaufen werden, behaupteten Messier und der deutsche Astronom Johann Elert Bode zu Recht, dass es sich bei dem Objekt um einen Gasnebel handele. Auch Herschels Sohn John Herschel und der englische Astronom William Lassell behaupteten fälschlicherweise, die einzelnen Sterne im „möglichen Sternhaufen" beobachtet zu haben.

Im späten 19. Jahrhundert enthüllten die ersten spektroskopischen Aufnahmen die gasförmige Natur des Nebels. Sein erstes Foto wurde 1892 mit Hilfe eines 20-Zoll-Teleskops aufgenommen. Die ersten wissenschaftlichen Untersuchungen seines Spektrums wurden zwischen 1913 und 1915 durch den amerikanischen Astronomen Vesto Melvin Slipher durchgeführt, der zu dem Schluss kam, dass die Linien des Emissionsspektrums aufgrund des Doppler-Effekts abgelenkt und geteilt wurden: Teile des Nebels näherten sich der Erde, während andere gingen weg. Roscoe Frank Sanford entdeckte, dass das Spektrum aus zwei Hauptteilen besteht: Die erste Komponente, Rot, bildet ein chaotisches Netzwerk heller Filamente, deren Spektrallinien diffusen oder planetarischen Nebeln ähneln.

Die zweite Komponente, blau, bildet den Rest des Nebels und weist keine markanten Spektrallinien auf.

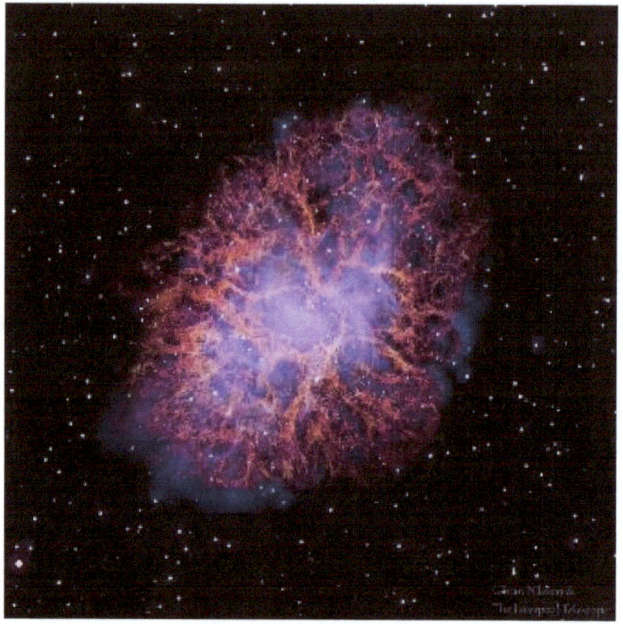

Bildquelle: NASA/ESA

Der Astronom Heber Doust Curtis klassifizierte den Krebsnebel anhand von Fotos, die am Lick-Observatorium aufgenommen wurden, als planetarischen Nebel. Später bemerkte Carl Otto Lampland bemerkenswerte Bewegungen und Helligkeitsänderungen in den einzelnen Komponenten des Nebels, als er hochwertige Fotografien verglich, die 1921 mit Hilfe seines 42-Zoll-Brechungsteleskops am Lowell Observatory aufgenommen wurden. John Charles Duncan fand heraus, dass sich der Nebel mit einer Geschwindigkeit von 0,2 Grad pro Sekunde und Jahr ausdehnte, indem er Fotos verglich, die über einen Zeitraum von 11,5 Jahren am Mount Wilson Observatory aufgenommen wurden, und kam zu dem Schluss, dass die Expansion des Nebels etwa 900 Jahre zuvor begonnen hatte. Der schwedische Astronom Knut Lundmark bemerkte auch die zeitliche Nähe der Ausdehnung des Nebels zur Supernova von 1054 im Jahr 1921.

Spätere Studien kamen zu dem Schluss, dass die Supernova, die den Krebsnebel erzeugte, wahrscheinlich im April oder Anfang Mai 1054 stattfand, nachdem sie im Juli ihre maximale Helligkeit mit einer scheinbaren Helligkeit zwischen -7 und -4,5 erreicht hatte und damit heller als alle anderen Sterne war. andere Himmelskörper am Nachthimmel. , außer dem Mond. Die Supernova war nach ihrer ersten Beobachtung etwa zwei Jahre lang mit bloßem Auge sichtbar. Dank der Beobachtungen chinesischer und arabischer Astronomen im Jahr 1054 wurde der Krebsnebel zum ersten erkannten astronomischen Objekt, das mit einer Supernova-Explosion in Verbindung gebracht wurde.

Der Krebsnebel weist eine ovale Masse aus im sichtbaren Licht sichtbaren Filamenten mit einem Winkeldurchmesser von etwa 6x4 Bogenminuten auf, die einen zentralen diffusen blauen Bereich umgibt. Zum Vergleich: Der Winkeldurchmesser des Vollmonds beträgt 30 Bogenminuten. Es wird angenommen, dass der Nebel in drei Dimensionen die Form eines länglichen Sphäroids hat, obwohl es keine Quellen gibt, die diese Spekulation bestätigen.

Die beobachteten Filamente sind Überreste der Atmosphäre des Muttersterns und bestehen hauptsächlich aus ionisiertem Helium und Wasserstoff sowie Kohlenstoff, Sauerstoff, Stickstoff, Eisen, Neon und Schwefel. Die Temperatur der Gase in diesen Filamenten schwankt zwischen 11.000 und 18.000 Kelvin und ihre Dichte beträgt etwa 1.300 Partikel pro Kubikzentimeter.

Im Jahr 1953 schlug der russische Wissenschaftler Iosif Shklovsky vor, dass der diffuse blaue Bereich durch Synchrotronstrahlung erzeugt wird, bei der es sich um Strahlung handelt, die durch die krummlinige Bewegung von Elektronen mit Geschwindigkeiten nahe der Lichtgeschwindigkeit emittiert wird. Drei Jahre später wurde diese Hypothese durch die Beobachtungen bestätigt. In den 1960er Jahren wurde festgestellt, dass die gekrümmten Bahnen der Elektronen auf das starke Magnetfeld zurückzuführen sind, das von einem Neutronenstern im Zentrum des Nebels erzeugt wird.

Der Krabbenpulsar. Dieses Bild kombiniert optische Informationen aus demhubble(in Rot) und Bilder vonRöntgenstrahlendesChandra-Röntgenobservatorium(in Blau).

Die Entfernung des Krebsnebels von der Erde ist ein Thema, das aufgrund der großen Unterschiede in den zu seiner Berechnung verwendeten Methoden immer noch Unsicherheiten hervorruft. Der Nebel ist Gegenstand großer Aufmerksamkeit von Astronomen, die seine langsame Ausbreitung im Laufe der Jahre beobachten. Durch den Vergleich der beobachteten Winkelausdehnung am Himmel und der durch spektroskopische Analyse ermittelten Ausbreitungsgeschwindigkeit ist es möglich, die Entfernung des Nebels im Verhältnis zur Erde genauer abzuschätzen.

Im Jahr 1973 kam eine Studie, die mehrere Methoden berücksichtigte, zu dem Schluss, dass die Entfernung des Nebels von der Erde 6.300 Lichtjahre betrug. Neuere Schätzungen deuten auf eine Entfernung von $(6,5 \pm 1,8) \times 10^3$ Lichtjahren hin, was $(2,0 \pm 0,5)$ kpc entspricht. Darüber hinaus wird beobachtet, dass sich der Nebel mit einer Geschwindigkeit von rund 1.500 Kilometern pro Sekunde ausdehnt, was darauf hindeutet, dass sich seine Expansionsrate seit der Supernova-Explosion beschleunigt hat. Es wird angenommen, dass diese Beschleunigung durch die Energie des Pulsars verursacht wird, die irgendwie das Magnetfeld des Nebels stört und seine Filamente in den leeren Raum treibt. Die in den Filamenten des Nebels enthaltene Materiemenge wird auf (4,6 ± 1,8) Sonnenmassen geschätzt, und einer seiner bemerkenswertesten Bestandteile ist ein heliumreicher Torus, der als Ost-West-Band sichtbar ist. . Durchqueren der Pulsarregion.

Im Herzen des Nebels befinden sich zwei helle Sterne, von denen einer für seine Existenz verantwortlich ist. 1942 entdeckte Rudolf Minkowski, dass das optische Spektrum des Sterns äußerst ungewöhnlich war. 1949 und 1963 wurde festgestellt, dass die Region um den Stern eine intensive Quelle für Radiowellen bzw. Röntgenstrahlen ist. Im Jahr 1967 wurde der Zentralstern als eines der hellsten Gammastrahlenobjekte am Himmel identifiziert, und im folgenden Jahr wurde festgestellt, dass der Stern seine Strahlung in schnellen Impulsen aussendet, was ihn zu einem der ersten entdeckten Pulsare machte.

Pulsare sind Quellen intensiver elektromagnetischer Strahlung, die in äußerst regelmäßigen kurzen Impulsen emittiert werden. Als sie 1967 entdeckt wurden, waren sie ein großes Rätsel, und das Team, das sie identifizierte, erwog die Möglichkeit, dass das Objekt ein Zeichen einer fortgeschrittenen Zivilisation sein könnte. Die Entdeckung einer pulsierenden Radioquelle im Zentrum des Nebels war jedoch ein starker Beweis dafür, dass Pulsare durch Supernova-Explosionen entstanden sind. Sie werden heute als Neutronensterne verstanden, deren starkes Magnetfeld ihre Strahlungsemissionen in schmalen Strahlen an ihren Magnetpolen konzentriert.

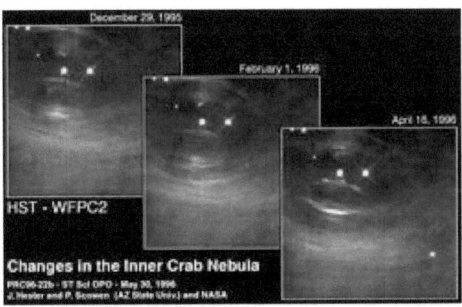

Die Bildsequenz des Hubble-Weltraumteleskops zeigt, wie sich Merkmale im Krebsnebel über einen Zeitraum von vier Monaten verändern. Bildnachweis: NASA/ESA.

Der als Krebspulsar bekannte Neutronenstern hat einen Durchmesser von etwa 28 bis 30 km und sendet Strahlungsimpulse mit Wellenlängen aus, die das gesamte elektromagnetische Spektrum abdecken, von Radiowellen bis hin zu Gammastrahlen. Seine Rotationsperiode nimmt allmählich ab und er unterliegt gelegentlich plötzlichen Veränderungen, die als „Glitches" bekannt sind und durch eine plötzliche Neuausrichtung der Masse des Neutronensterns verursacht werden. Wenn der Pulsar langsamer wird, wird eine enorme Energie freigesetzt, die zu einer stärkeren Emission von Synchrotronstrahlung führt, deren Gesamtleuchtkraft etwa das 75.000-fache der der Sonne beträgt.

Der extreme Energiefluss des Pulsars erzeugt eine ungewöhnlich dynamische Region im Zentrum des Nebels, in der Veränderungen auf Zeitskalen von einigen Tagen sichtbar sind. Der innere Teil des Nebels zeigt schnelle und dynamische Veränderungen, wobei das dynamischste Merkmal der Punkt ist, an dem der Pulsarwind auf das Volumen des Nebels trifft und eine Stoßwelle bildet. Form und Position dieser Stoßwelle ändern sich schnell und erscheinen als eine Reihe von Punkten, die scharf werden, heller werden, dann verblassen und verschwinden, wenn sie sich vom Pulsar und dem Hauptkörper des Nebels entfernen.

Der Krebsnebel liegt etwa 1,5° von der Ekliptik entfernt, der Ebene der Erdumlaufbahn um die Sonne. Infolgedessen können der Mond und in seltenen Fällen auch Planeten den Nebel passieren oder ihn verdecken. Obwohl die Sonne den Nebel nicht passieren kann, zieht ihre Korona vor ihr vorbei. Diese astronomischen Ereignisse werden genutzt, um sowohl den Nebel als auch das davor vorbeiziehende Objekt zu analysieren und zu beobachten, wie die Strahlung des Nebels durch das vorbeiziehende Objekt verändert wird.
Die Nutzung von Mondtransits ermöglichte die Kartierung der Röntgenemissionen des Nebels. Vor dem Start

von Röntgenbeobachtungssatelliten wie dem Chandra-Röntgenobservatorium hatten Röntgenbeobachtungen im Allgemeinen eine sehr geringe Winkelauflösung. Wenn der Mond jedoch vor dem Nebel vorbeizieht, ist die Position der Röntgenquelle perfekt bestimmt, sodass Karten der Röntgenemission des Objekts erstellt werden können. Als in den 1960er Jahren erstmals Röntgenstrahlen im Nebel beobachtet wurden, wurde eine Mondbedeckung verwendet, um den genauen Ort ihrer Quelle zu bestimmen.

Die Sonnenkorona zieht jedes Jahr im Juni vor dem Nebel vorbei. Die Schwankungen der zu diesem Zeitpunkt vom Nebel empfangenen Radiowellen können genutzt werden, um Rückschlüsse auf die Dichte und Struktur der Korona zu ziehen. Frühe Beobachtungen ergaben, dass sich die Korona über viel größere Entfernungen erstreckte als bisher angenommen. Nachfolgende Beobachtungen ergaben, dass der Becher erhebliche Unterschiede in der Dichte aufwies.

Bild des Hubble-Weltraumteleskops einer kleinen Region des Krebsnebels, das seine komplizierte Filamentstruktur zeigt. Bildnachweis: NASA/ESA.

Die Bedeckung des Saturn durch den Nebel ist ein sehr seltenes Ereignis. Die letzte Aufzeichnung erfolgte im Jahr

1296 und die nächste wurde erst im Jahr 2267 vorhergesagt. Die Astronomen nutzten das Chandra-Röntgenobservatorium, um den Saturnmond Titan zu beobachten, als er den Nebel durchquerte. Sie entdeckten, dass der Röntgenschatten des Titanen aufgrund der Absorption von Röntgenstrahlen in seiner Atmosphäre größer war als seine feste Oberfläche. Diese Beobachtungen zeigten, dass die Dicke der Titanatmosphäre 880 Kilometer beträgt. Leider konnte der Saturntransit selbst nicht beobachtet werden, da Chandra zu diesem Zeitpunkt den Van-Allen-Gürtel durchquerte.

KAPITEL 5: BLASENNEBEL

Der Blasennebel ist eine Sternentstehungsregion im Sternbild Kassiopeia, etwa 7.100 Lichtjahre von der Erde entfernt. Der 1787 vom Astronomen William Herschel entdeckte Nebel ist einer der auffälligsten und fotografiertesten am Nachthimmel.

Der Blasennebel (NGC 7635) | Hubble-Weltraumteleskop

Der Nebel verdankt seinen Namen seiner charakteristischen Form, die einer riesigen Blase mit einem zentralen Hohlraum ähnelt, der neu gebildete Sterne enthält. Der Nebel besteht aus interstellarem Gas und Staub, der durch neu gebildete Sterne erhitzt wird und eine spektakuläre Leuchtkraft erzeugt.

Der Blasennebel ist ein hervorragendes Labor zur Untersuchung der Sternentstehung. Im zentralen Hohlraum des Nebels können mehrere junge und massereiche Sterne beobachtet werden, die als O- und B-Sterne bekannt sind. Diese Sterne sind sehr heiß und hell und senden intensive Strahlung aus, die das Gas im Nebel ionisiert und die wunderschönen Farben erzeugt, die ihn charakterisieren. . Darüber hinaus ist der Blasennebel von Gas- und Staubwolken umgeben, die sich über mehrere Dutzend Lichtjahre erstrecken. Diese Wolken sind dicht genug, um zu verhindern, dass das Sternenlicht des Nebels in den Weltraum gelangt, wodurch der Nebel wie eine „Blase" inmitten interstellaren Gases und Staubs erscheint.

Astronomen gehen davon aus, dass der Blasennebel noch viele Millionen Jahre lang Sterne produzieren wird. Während die neu gebildeten Sterne das Gas und den Staub um sie herum weiter erhitzen, werden neue Sterne entstehen und der Nebel wird sich weiter ausdehnen und noch spektakulärer werden.

Zusammenfassend lässt sich sagen, dass der Blasennebel einer der beeindruckendsten Nebel am Nachthimmel und ein hervorragendes Labor zur Untersuchung der Sternentstehung ist. Mit seiner charakteristischen Form und den wunderschönen Farben ist der Nebel ein faszinierendes Objekt für Astronomen und Astronomiebegeisterte gleichermaßen. Mit fortschreitender Technologie werden weiterhin neue Entdeckungen über den Blasennebel und andere Sternentstehungsregionen gemacht, die es uns ermöglichen, den Ursprung und die Entwicklung von Sternen und dem Universum, in dem wir leben, besser zu verstehen.

Der Blasennebel (NGC 7635) | Hubble-Weltraumteleskop

KAPITEL 6: DER HEXENKOPFNEBEL (IC 2118)

Es ist einer der berühmtesten Nebel in der Milchstraße. Es befindet sich im Sternbild Orion, etwa 800 Lichtjahre von der Erde entfernt. Dieser Nebel ist für seine charakteristische Form bekannt, die dem Kopf einer Hexe mit hervorstehender Nase ähnelt.

Hubble-Teleskop - IC2118

Der Hexenkopf ist ein Emissionsnebel, was bedeutet, dass das Licht, das wir sehen, vom Gas selbst emittiert wird und nicht vom Licht eines nahegelegenen Sterns reflektiert wird. Das Gas des Nebels besteht hauptsächlich aus Wasserstoff, der aufgrund der Energie, die durch die Ionisierung und Rekombination von Elektronen freigesetzt wird, rot leuchtet.

Bild: Hubble-Teleskop - IC 2118

Der Hexenkopfnebel besteht hauptsächlich aus ionisiertem Wasserstoff (HII), interstellarem Staub und darin enthaltenen heißen, jungen Sternen. Der Nebel ist eine Region aus Gas und Staub, die durch die Strahlung nahegelegener Sterne beleuchtet wird und dadurch in verschiedenen Farben leuchtet.

Ionisierter Wasserstoff ist der Hauptbestandteil des Nebels und verantwortlich für die charakteristische rote Farbe der Region. Die von nahen Sternen freigesetzte Energie ionisiert Wasserstoffatome, wodurch sie Elektronen verlieren und sich dann wieder verbinden. Dabei geben die Elektronen Energie in Form von Licht ab, das als rotes Licht beobachtet wird.

Neben ionisiertem Wasserstoff enthält der Nebel auch interstellaren Staub, der hauptsächlich aus Kohlenstoff- und Silikatkörnern besteht. Dieser Staub absorbiert das Licht von nahegelegenen Sternen und lässt den Nebel in manchen Regionen dunkel erscheinen.

Der Nebel beherbergt auch heiße, junge Sterne, die sich gerade bilden. Diese Sterne sind für die Ionisierung von Wasserstoff und die Emission von Strahlung verantwortlich, die den Nebel beleuchtet.

Bild: Hubble-Teleskop - IC2118

KAPITEL 7: DER ADLERNEBEL (M16)

Der Adlernebel, auch M16 genannt, ist einer der bekanntesten und faszinierendsten Nebel in unserer Milchstraße. Gefunden im Sternbild Schlangen, etwa 7.000 Lichtjahre von der Erde entfernt. Es wurde 1745 vom französischen Astronomen Jean-Philippe de Chéseaux entdeckt und später 1764 von Charles Messier wiederentdeckt.

Der Adlernebel hat ein sehr charakteristisches Erscheinungsbild mit einer hellen zentralen Region, die als „Adlersäule" bekannt ist und von Staub- und Gaswolken umgeben ist, in denen sich neue Sterne bilden. Der Adlerpilaster ist eine Struktur aus Staub und Gas, die sich über etwa 9,5 Lichtjahre erstreckt und oft mit einem „Elefant" oder „Adler" mit ausgebreiteten Flügeln verglichen wird.

NASA/ESA-Credits

Die Entfernung von der Erde zum Adlernebel beträgt etwa 7.000 Lichtjahre, was bedeutet, dass das Licht, das wir jetzt sehen, den Nebel vor 7.000 Jahren verlassen hat. Dies gibt uns einen Einblick in die ferne Vergangenheit unserer Galaxie und ermöglicht es uns zu untersuchen, wie Sterne im Laufe der Zeit entstanden und sich entwickelten.

Der Adlernebel besteht hauptsächlich aus Wasserstoff, Helium und Spuren anderer chemischer Elemente wie Sauerstoff, Stickstoff und Kohlenstoff. Die durchschnittliche Temperatur des Nebels liegt bei etwa -263 Grad Celsius und er wird von heißen, jungen Sternen beleuchtet, die sich in der Wolke bilden.

NASA/ESA-Credits

Neben der Adlersäule enthält der Adlernebel auch viele andere interessante Strukturen, wie zum Beispiel den „Kometenschweifnebel", einen langen Schweif aus ionisiertem Gas, der sich etwa 10 Lichtjahre hinter der Säule erstreckt. Es gibt auch mehrere Gebiete mit aktiver Sternentstehung, in denen junge, massereiche Sterne in Gas- und Staubwolken entstehen.

Der Adlernebel wurde von Astronomen mit Teleskopen am Boden und im Weltraum ausführlich untersucht. Hochauflösende Bilder des Nebels, aufgenommen vom Hubble-Weltraumteleskop und anderen Teleskopen, enthüllen viele faszinierende Details über seine Struktur und chemische Zusammensetzung.

NASA/ESA-Credits

KAPITEL 8: NGC 2736

Der Nebel NGC 2736, auch Kerzennebel genannt, ist ein faszinierendes Himmelsobjekt im Sternbild Puppis, etwa 1.400 Lichtjahre von der Erde entfernt. Dieser Nebel erhielt seinen Namen aufgrund seiner Form, die einem im Weltraum schwebenden Segel ähnelt.

Die physikalischen Eigenschaften des Kerzennebels sind beeindruckend. Er wird als Emissionsnebel klassifiziert, was bedeutet, dass er hauptsächlich aus leuchtenden ionisierten Gasen wie Wasserstoff, Helium, Sauerstoff und Stickstoff besteht. Diese Gase werden von nahen Sternen auf hohe Temperaturen erhitzt, wodurch sie sichtbare elektromagnetische Strahlung in Form von Licht aussenden. Die im Nebel beobachtete rötliche Färbung ist das Ergebnis der Wasserstoffemission.

Eines der bemerkenswerten Merkmale des Kerzennebels ist das Vorhandensein markanter filamentartiger Strukturen, die sich über mehrere Parsec erstrecken. Diese Strukturen bestehen aus Staub und Gas, die durch Sternwinde und Supernova-Explosionen geformt wurden. Darüber hinaus beherbergt der Nebel kleine Sternhaufen und junge Sterne, deren intensive Strahlung zur Ionisierung des umgebenden Gases beiträgt.

Das geschätzte Alter des Kerzennebels beträgt etwa 11.000 Jahre, was ihn astronomisch gesehen zu einem relativ jungen Nebel macht. Seine Entstehung ist mit der Explosion eines massereichen Sterns verbunden, der genügend Energie freisetzte, um diese faszinierende Struktur zu schaffen. Dieser Vorläuferstern, bekannt als Vela-Supernova-Überrest, liegt im Zentrum des Nebels.

Zusätzlich zu den physikalischen Eigenschaften ist es wichtig, die Entfernung des Kerzennebels im Verhältnis zur Erde hervorzuheben. Es wird geschätzt, dass er etwa 1.400 Lichtjahre entfernt ist, was ungefähr 4.300 Parsec entspricht. Diese beträchtliche Entfernung bedeutet, dass das vom Nebel emittierte Licht etwa 1.400 Jahre braucht, um unsere Teleskope zu erreichen, sodass wir Ereignisse beobachten können, die vor Tausenden von Jahren stattgefunden haben.

NASA/ESA-Credits

KAPITEL 9: OMEGA-NEBEL (M17) NGC 6618

Der Omega-Nebel, auch bekannt als M17 oder Schwanennebel, ist einer der berühmtesten und faszinierendsten Nebel am Nachthimmel. Er befindet sich im Sternbild Schütze, etwa 5.000 Lichtjahre von der Erde entfernt.

Als Emissionsnebel klassifiziert, wie der Kerzennebel. Es besteht aus einer Kombination aus glühenden Gasen und kosmischem Staub, wobei die vorherrschenden Gase Wasserstoff, Helium, Sauerstoff und Stickstoff sind. Diese Gase werden durch junge, massereiche Sterne in ihrem Inneren ionisiert und erhitzt, was zu ihrer charakteristischen rötlichen Färbung führt.

Eines der auffälligsten Merkmale des Omega-Nebels ist das Vorhandensein einer hellen zentralen Region, die als „Sandkasten" bezeichnet wird und von dunklen Staubstrukturen umgeben ist. Diese Strukturen verleihen dem Nebel das Aussehen einer länglichen Form, die einem fliegenden Schwan ähnelt, daher der alternative Name Schwanennebel. Die zentrale Region enthält junge, massereiche Sterne, sogenannte Sternhaufen, die intensive ultraviolette Strahlung aussenden, die für die Ionisierung der umgebenden Gase verantwortlich ist.

Es ist auch bekannt, dass der Omega-Nebel eine große Anzahl entstehender Sterne, sogenannte Protosterne, beherbergt, die in dichte Wolken aus Gas und Staub gehüllt sind. Diese Wolken sind die Kinderstube der Sterne, in denen durch den Gravitationskollaps kosmischer Materie neue Sterne entstehen. Diese Region intensiver Sternentstehung trägt zur Leuchtkraft und Schönheit des Nebels bei.

Was die Entfernung von der Erde betrifft, so liegt der Omega-Nebel etwa 5.000 Lichtjahre entfernt. Das bedeutet, dass das von diesem Nebel emittierte Licht etwa 5.000 Jahre braucht, um unsere Teleskope zu erreichen, sodass wir Ereignisse beobachten können, die vor Jahrtausenden stattgefunden haben. Diese beträchtliche Entfernung weist auch darauf hin, dass wir den Nebel zu einem früheren Zeitpunkt in seiner Geschichte betrachten.

Bild: ESA

KAPITEL 10: DOPPELHELIX

Der Doppelhelixnebel ist eine faszinierende Struktur im Sternbild Schlangenträger, die einzigartige physikalische und chemische Eigenschaften aufweist. Dieser Nebel verdankt seinen Namen seiner charakteristischen Form, die einer Doppelhelix ähnelt, ähnlich der DNA.

Physikalisch gesehen wird der Doppelhelixnebel als planetarischer Nebel klassifiziert, der entsteht, wenn ein sonnenähnlicher Stern am Ende seines Lebens seine äußeren Gasschichten ausstößt. Der verbleibende Kern des Sterns, der als Weißer Zwerg bekannt ist, ist für die Emission intensiver ultravioletter Strahlung verantwortlich, die die umgebenden Gase zum Leuchten bringt.

Dieser Nebel besteht hauptsächlich aus ionisiertem Wasserstoff, der ein rötliches Licht aussendet, enthält aber auch Spuren von Sauerstoff, Helium und Stickstoff. Die rote Farbe entsteht durch die Ionisierung von Wasserstoff, während Sauerstoff zu den Blautönen beiträgt.

Die Entfernung des Doppelhelixnebels von der Erde wird auf etwa 450 Lichtjahre geschätzt. Das bedeutet, dass das Licht, das wir heute von diesem Nebel sehen, ihn vor etwa 450 Jahren verließ, um zu uns zu gelangen. Aus astronomischer Sicht ist dieser Abstand relativ gering, was eine detailliertere Untersuchung seiner Eigenschaften ermöglicht.

Eine der faszinierenden Fakten über den Doppelhelixnebel ist sein Ursprung. Es wird angenommen, dass die helikale Form das Ergebnis komplexer Wechselwirkungen zwischen der Materie und dem Magnetfeld um den alternden Stern ist. Durch diese Interaktionen können Spiral- und Drehbewegungen entstehen, die diesen unverwechselbaren Look erzeugen.

Darüber hinaus ist der Doppelhelixnebel auch deshalb interessant, weil er ein Beispiel für Achsensymmetrie ist, die in vielen anderen kosmischen Strukturen vorhanden ist, beispielsweise in Galaxien und sogar in der DNA lebender Zellen. Diese Symmetrie ist ein wiederkehrendes Phänomen in der Natur, von der mikroskopischen bis zur makroskopischen Welt.

Spitzer-Weltraumteleskop | Bildnachweis: NASA/JPL-Caltech/M. Morris (UCLA)

KAPITEL 11: LAGUNE (M8) NGC 6523

Der Lagunennebel, auch bekannt als Messier 8 oder NGC 6523, ist eine beeindruckende interstellare Wolke im Sternbild Schütze. Er ist einer der auffälligsten Emissionsnebel, der von der Erde aus sichtbar ist, und weist faszinierende physikalische und chemische Eigenschaften auf.

Der Lagunennebel ist eine aktive Sternentstehungsregion, die aus dichten Gas- und Staubwolken besteht. Diese Wolken bestehen hauptsächlich aus molekularem Wasserstoff sowie Spuren anderer Elemente wie Helium, Sauerstoff, Stickstoff und Kohlenstoff. Die intensive ultraviolette Strahlung der heißen, jungen Sterne des Nebels ionisiert den Wasserstoff und lässt ihn sichtbares, meist rotes Licht aussenden.

Eines der charakteristischen Merkmale des Lagunennebels ist das Vorhandensein dunkler Staubwolken, die über dem hellen Bereich des Nebels aufsteigen. Diese Säulen bestehen aus dichten Staub- und Gaswolken, in denen die Sternentstehung stattfindet. Die Säulen werden durch die intensive Strahlung nahegelegener junger Sterne geformt, die das Material um sie herum erodieren und beeindruckende Formen schaffen.

Die Entfernung des Lagunennebels von der Erde wird auf etwa 5.000 Lichtjahre geschätzt. Das bedeutet, dass das Licht, das wir heute sehen, den Nebel vor 5.000 Jahren verließ und diese Distanz zurücklegte, um uns zu erreichen. Diese beträchtliche Entfernung macht den Nebel aus astronomischer Sicht zu einem relativ weit entfernten Objekt, wir können seine Merkmale jedoch aufgrund seiner intensiven Helligkeit und scheinbaren Größe am Himmel dennoch untersuchen.

Eine faszinierende Kuriosität am Lagunennebel ist das Vorhandensein von Sternentstehungsregionen in ihm. Diese

Regionen sind Sternkindergärten, in denen dichte Gas- und Staubwolken aufgrund ihrer eigenen Schwerkraft zusammenfallen und neue Sterne entstehen lassen. Diese Sternentstehungsprozesse sind für die Entwicklung des Universums von entscheidender Bedeutung, da in diesen Regionen chemische Elemente synthetisiert und in den Weltraum freigesetzt werden, wodurch das interstellare Medium angereichert wird.

Darüber hinaus beherbergt der Lagunennebel auch einen offenen Sternhaufen namens NGC 6530. Dieser Haufen besteht aus hellen jungen Sternen, die aus dem Gas und Staub des Nebels gebildet werden. Das Vorhandensein dieses Clusters macht den Lagunennebel noch faszinierender, da wir sowohl den Sternentstehungsprozess als auch die Entwicklung dieser Sterne an einem Ort untersuchen können.

Bild: Hubble

KAPITEL 12: BERNARD'S LOOP SH 2-276

Der Barnard-Schleifennebel ist eine faszinierende Nebelformation, die sich über das Sternbild Orion erstreckt. Er ist nach dem Astronomen Edward Emerson Barnard benannt, der ihn 1895 entdeckte. Barnards Schleifennebel ist ein Emissionsnebel, der aus ionisiertem Gas und kosmischem Staub besteht und bemerkenswerte physikalische und chemische Eigenschaften aufweist.

Der Nebel besteht hauptsächlich aus ionisiertem Wasserstoff, der aufgrund der intensiven ultravioletten Strahlung der heißen Sterne in seiner Zentralregion rotes Licht aussendet. Neben Wasserstoff sind im Nebel auch andere chemische Elemente wie Helium, Sauerstoff, Stickstoff und Spuren anderer schwerer Elemente vorhanden. Diese Elemente bildeten sich in früheren Sternen und wurden durch Sternprozesse wie Supernovae in den Weltraum freigesetzt.

Der Barnard-Schleifennebel liegt etwa 1.600 Lichtjahre von der Erde entfernt. Das bedeutet, dass das Licht, das wir derzeit aus dem Nebel beobachten, ihn vor 1.600 Jahren verließ und diese enorme Distanz zurücklegte, um uns zu erreichen. Diese beträchtliche Entfernung macht den Nebel aus astronomischer Sicht zu einem relativ nahen Objekt, sodass Astronomen seine Merkmale im Detail untersuchen können.

Eines der bemerkenswertesten Merkmale des Barnard-Loop-Nebels ist seine charakteristische Form einer großen „Blase" oder eines „Rings". Diese Struktur entstand durch eine Kombination mehrerer Faktoren, darunter die Aktivität massereicher Sterne, Supernovae und die Wirkung von Sternwinden. Diese energetischen Ereignisse formten das Gas und den Staub im Laufe der Zeit und bildeten diese kreisförmige Erscheinung.

Eine interessante Kuriosität am Barnard-Schleifennebel ist, dass er mit einem der berühmtesten Objekte am Nachthimmel in Verbindung steht: dem Pferdekopfnebel (Barnard 33). Dieser dunkle, undurchsichtige Nebel ähnelt der Silhouette eines Pferdekopfes vor einem hellen Hintergrund und liegt am Rande des Barnard-Loop-Nebels. Diese Verbindung zwischen den beiden Nebeln erzeugt ein visuell beeindruckendes Bild und zieht die Aufmerksamkeit von

Amateurastronomen und Weltraumbegeisterten gleichermaßen auf sich.

Eine weitere Kuriosität ist, dass der Barnard-Schleifennebel Teil einer größeren Struktur ist, die als Orion-Assoziation bekannt ist und verschiedene Nebel, Sternhaufen und massereiche Sterne umfasst. Diese Assoziation ist eine Region voller Sternentstehung und hat eine entscheidende Rolle beim Verständnis der Sternentwicklung gespielt.

Bildnachweis: NASA/ESA

KAPITEL 13: KALIFORNIEN NGC 1449

Der Kalifornische Nebel, auch bekannt als NGC 1499, ist ein wunderschöner Emissionsnebel im Sternbild Perseus. Dieser Nebel erhielt den Namen Kalifornien aufgrund seiner Ähnlichkeit mit den Umrissen des Bundesstaates Kalifornien in den Vereinigten Staaten. Der Kalifornische Nebel weist interessante physikalische und chemische Eigenschaften auf.

Der Nebel besteht hauptsächlich aus ionisiertem Gas, hauptsächlich Wasserstoff, das aufgrund der intensiven ultravioletten Strahlung nahegelegener heißer Sterne ein rötliches Licht aussendet. Neben Wasserstoff sind im Nebel auch andere chemische Elemente wie Helium, Sauerstoff, Stickstoff und Spuren schwererer Elemente vorhanden. Diese Elemente bildeten sich in früheren Sternen und wurden durch Sternprozesse wie Supernovae in den Weltraum freigesetzt.

Der Kalifornische Nebel befindet sich in einer geschätzten Entfernung von etwa 1.600 Lichtjahren von der Erde. Das bedeutet, dass das Licht, das wir derzeit vom Nebel sehen, ihn vor etwa 1.600 Jahren verlassen hat und diese Distanz zurückgelegt hat, um uns zu erreichen. Aus astronomischer Sicht gilt diese Entfernung als relativ gering, sodass Astronomen ihre Merkmale im Detail untersuchen können.

Eines der bemerkenswerten Merkmale des Kalifornischen Nebels ist das Vorhandensein einer dunklen Region, die als Mündung des Nebels bekannt ist und sich über ein Gebiet erstreckt, das der Form der kalifornischen Küste ähnelt. Diese dunkle Region besteht aus dichten Wolken aus kosmischem Staub, die das Licht von Hintergrundsternen und Nebeln blockieren. Diese Staubwolken bestehen hauptsächlich aus kleinen Kohlenstoff- und Silikatkörnern.

Eine interessante Kuriosität am Kalifornischen Nebel ist, dass er mit einem hellen Stern namens Xi Persei in Verbindung steht. Dieser Stern, der sich sehr nahe am Nebel befindet, liefert die nötige Energie, um das Gas im Nebel zu ionisieren und so das charakteristische Leuchten zu erzeugen. Die Wechselwirkung zwischen Stern und Nebel ist ein faszinierendes Beispiel dafür, wie Sterne das interstellare Medium um sie herum formen.

Darüber hinaus ist bekannt, dass der Kalifornische Nebel eine große Anzahl neu entstandener Sterne beherbergt. Diese heißen, jungen Sterne sind für die Beleuchtung und Erwärmung des Nebels verantwortlich und erzeugen so eine Szene intensiver Sternaktivität.

Die Untersuchung dieser sich bildenden Sterne ermöglicht es uns, die Prozesse der Sternentwicklung und der Bildung mehrerer Sternsysteme besser zu verstehen.

Bild: Hubble

KAPITEL 14: SOUTHERN CROWN

Der Corona-Australis-Nebel ist ein Emissionsnebel im Sternbild Corona Australis, daher der Name. Dieser Nebel weist faszinierende physikalische und chemische Eigenschaften auf, was ihn zu einem interessanten Forschungsobjekt für Astronomen macht.

Die Zusammensetzung des Südkronennebels ähnelt insofern der anderer Emissionsnebel, als er hauptsächlich aus ionisiertem Gas besteht. Wasserstoff ist das vorherrschende Element und emittiert rotes Licht, wenn es durch intensive ultraviolette Strahlung nahegelegener heißer Sterne ionisiert wird. Neben Wasserstoff sind im Nebel auch andere chemische Elemente wie Helium, Sauerstoff, Stickstoff und Spuren schwererer Elemente vorhanden.

Die Entfernung des Corona-Australis-Nebels von der Erde wird auf etwa 420 Lichtjahre geschätzt. Das bedeutet, dass das Licht, das wir heute vom Nebel sehen, ihn vor etwa 420 Jahren verließ und diese Distanz zurücklegte, um uns zu erreichen. Diese mittlere Entfernung ermöglicht es Astronomen, den Nebel im Detail zu untersuchen und seine physikalischen und chemischen Eigenschaften zu erforschen.

Eines der bemerkenswerten Merkmale des Südlichen Kronennebels ist die Anwesenheit junger Sterne in ihm. Diese neu entstandenen Sterne sind für die Beleuchtung und Ionisierung des Gases im Nebel verantwortlich und erzeugen so ein Spektakel aus Farbe und Brillanz. Die Wechselwirkung zwischen jungen Sternen und dem interstellaren Medium liefert wertvolle Informationen über Sternentstehungsprozesse.

Eine interessante Kuriosität am Südlichen Kronennebel ist das Vorhandensein dunkler Wolken aus kosmischem Staub in seiner Umgebung. Diese als Dunkelnebel bekannten Wolken sind dichte Staubregionen, die das Licht von Sternen und den dahinter liegenden Nebeln blockieren. Diese dunklen Nebel erzeugen dramatische Kontraste und verleihen dem Nebel eine faszinierende visuelle Dimension.

Darüber hinaus ist der Südkronennebel ein Nährboden für Mehrsternsysteme, in denen zwei oder mehr Sterne gravitativ eng miteinander verbunden sind. Das Vorhandensein dieser Mehrfachsternsysteme trägt zur Komplexität des Nebels bei und ermöglicht die Untersuchung der Sterndynamik.

Hubble/NASA

KAPITEL 15: KEGEL

Der Kegelnebel ist ein dunkler Nebel im Sternbild Monoceros, bekannt als Einhorn. Dieser Nebel verdankt seinen Namen seiner markanten Form, die einem Kegel ähnelt. Der Kegelnebel verfügt über bemerkenswerte physikalische und chemische Eigenschaften und bietet interessante Kuriositäten für Astronomen und Weltraumbegeisterte.

Der Nebel besteht hauptsächlich aus dichten kosmischen Staubwolken, die das Licht der dahinter liegenden Sterne und Nebel blockieren. Diese dichte Staubwolke erzeugt das dunkle, kanalisierte Erscheinungsbild, das dem Nebel seinen Namen gibt. Obwohl er leer erscheint, enthält der Kegelnebel kosmisches Gas und Staub, die häufig in Sternentstehungsregionen vorkommen.

Die chemischen Eigenschaften des Kegelnebels ähneln denen anderer Dunkelnebel. Kosmischer Staub besteht hauptsächlich aus kleinen Kohlenstoff- und Silikatkörnern mit Spuren schwererer Elemente. Diese chemischen Elemente sind für die Entstehung neuer Sterne und Planetensysteme innerhalb des Nebels unerlässlich.

Der Kegelnebel befindet sich in einer Entfernung von etwa 2.700 Lichtjahren von der Erde. Das bedeutet, dass das Licht, das wir heute vom Nebel sehen, ihn vor etwa 2.700 Jahren verließ und diese enorme Distanz zurücklegte, um uns zu erreichen. Aufgrund dieser beträchtlichen Entfernung ist der Nebel astronomisch gesehen relativ weit entfernt, aber dennoch für detaillierte Untersuchungen zugänglich.

Eine interessante Kuriosität am Kegelnebel ist, dass er mit einer aktiven Sternentstehungsregion in Verbindung steht. Im Inneren des Nebels finden intensive Prozesse des Gravitationskollapses statt, bei denen Gas und Staub zu neuen Sternen kondensieren.

Diese Sternaktivität trägt zur Entwicklung von Nebeln und zur Entstehung mehrerer Sternsysteme bei.

Eine weitere faszinierende Kuriosität ist, dass der Kegelnebel einer der wenigen Dunkelnebel ist, die man am dunklen Himmel mit bloßem Auge erkennen kann. Es hebt sich vom grellen Licht der Hintergrundsterne ab und ist ein beliebtes Objektiv für Astrofotografen.

NASA/ESA

KAPITEL 16: HALBMOND NGC 6888 – CALDWELL 27

Der Halbmondnebel ist ein Emissionsnebel im Sternbild Schwan. Dieser Nebel verdankt seinen Namen seiner Halbmondform, die ihn zu einem der charakteristischsten und faszinierendsten Himmelsobjekte am Nachthimmel macht. Lassen Sie uns seine physikalischen und chemischen Eigenschaften sowie einige interessante Fakten darüber erkunden.

Es besteht hauptsächlich aus ionisiertem Gas, wobei Wasserstoff das dominierende Element ist, und strahlt ein rötliches Licht aus, wenn es durch intensive ultraviolette Strahlung nahegelegener heißer Sterne angeregt wird. Neben Wasserstoff sind im Nebel auch andere chemische Elemente wie Helium, Sauerstoff, Stickstoff und Spuren schwererer Elemente vorhanden. Diese Elemente sind Produkte von Kernreaktionen, die in nahegelegenen Sternen ablaufen und durch Sternereignisse wie Supernovae in den Weltraum freigesetzt werden.

Da er sich in einer geschätzten Entfernung von etwa 5.000 Lichtjahren von der Erde befindet, bedeutet dies, dass das Licht, das wir derzeit vom Nebel sehen, den Nebel vor etwa 5.000 Jahren verlassen hat und diese Distanz zurückgelegt hat, um uns zu erreichen. Diese beträchtliche Entfernung macht den Nebel zu einem relativ weit entfernten Objekt, das jedoch immer noch sichtbar und für astronomische Studien zugänglich ist.

Ein bemerkenswertes Merkmal des Halbmondnebels ist seine Wechselwirkung mit einem sehr heißen und massereichen Zentralstern, dem Wolf-Rayet-Stern. Die intensive Strahlung dieses Sterns regt das umgebende Gas an und erzeugt so die charakteristische Halbmondform. Der Wolf-Rayet-Stern ist ein entwickelter Stern im letzten Stadium seines Lebens, der durch einen starken Massenverlust gekennzeichnet ist. Durch die Interaktion mit dem Nebel entsteht ein beeindruckendes Spektakel komplexer Strukturen und Formen.

Eine faszinierende Tatsache über den Halbmondnebel ist, dass er mit einer Sternentstehungsregion in Verbindung steht, in der sich innerhalb des Nebels neue Sterne bilden. Die intensive Strahlung des Zentralsterns trägt dazu bei, das umgebende Gas und den Staub zu komprimieren, was einen Gravitationskollaps und die Bildung neuer Sterne auslöst. Diese Sternentstehungsprozesse tragen im Laufe der Zeit zur Entwicklung des Nebels bei.

Eine weitere interessante Kleinigkeit ist, dass der Halbmondnebel aufgrund seines unverwechselbaren Aussehens und seiner leuchtenden Farben ein beliebtes Ziel für Astrofotografen ist. Seine Halbmondform und Farbnuancen liefern spektakuläre Bilder des Kosmos.

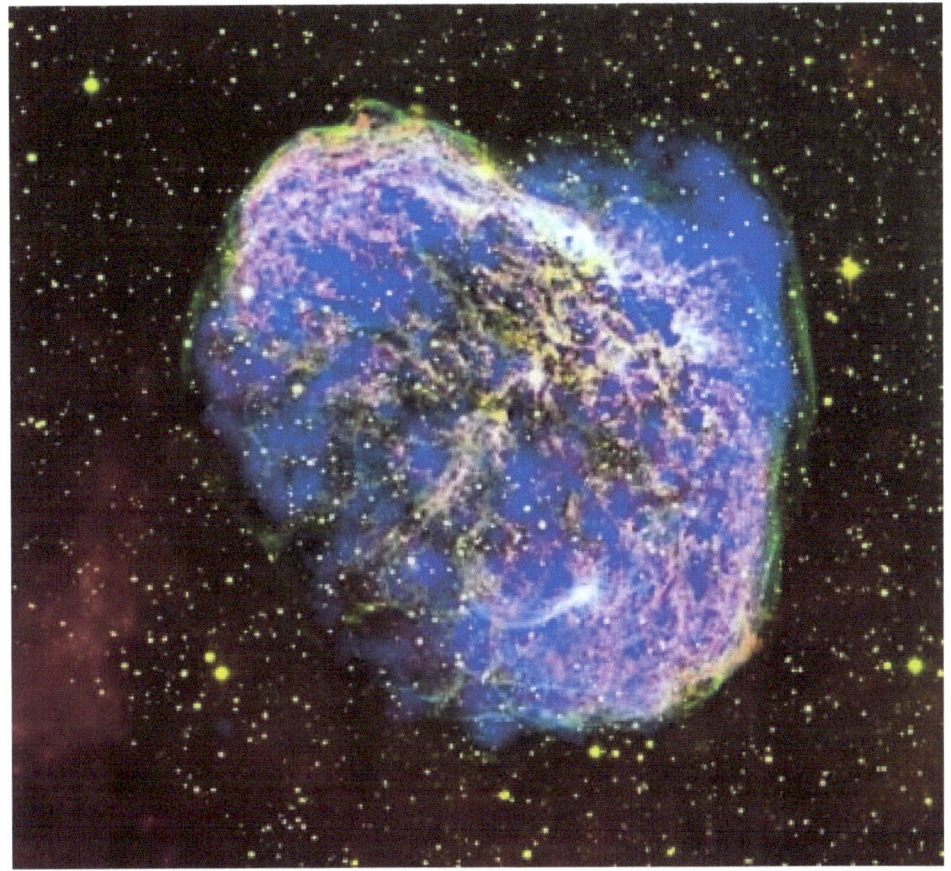

DAS

KAPITEL 17: ELEFANTENRÜSSEL IC 1396

Der Elefantenrüsselnebel, auch bekannt als IC 1396, ist ein Emissionsnebel im Sternbild Kepheus. Dieser Nebel erhielt seinen Namen aufgrund seines Aussehens, das einem Elefantenrüssel ähnelt und sich durch den interstellaren Raum erstreckt. Lassen Sie uns seine physikalischen und chemischen Eigenschaften sowie einige interessante Fakten darüber erkunden.

Besteht hauptsächlich aus Gas und kosmischem Staub. Das im Nebel vorhandene Gas besteht hauptsächlich aus Wasserstoff, weshalb er als Emissionsnebel klassifiziert wird. Der Wasserstoff wird durch die intensive ultraviolette Strahlung nahegelegener heißer Sterne ionisiert, was dazu führt, dass das Gas sichtbares Licht aussendet. Neben Wasserstoff sind im Nebel auch andere chemische Elemente wie Helium, Sauerstoff und Stickstoff vorhanden, allerdings in geringeren Mengen.

Die Entfernung des Elefantenrüsselnebels von der Erde wird auf etwa 2.400 Lichtjahre geschätzt. Das bedeutet, dass das Licht, das wir derzeit aus dem Nebel beobachten, ihn vor etwa 2.400 Jahren verließ und diese Distanz zurücklegte, um uns zu erreichen. Diese beträchtliche Entfernung macht den Nebel zu einem relativ weit entfernten Objekt, das von Astronomen jedoch dennoch beobachtet und untersucht werden kann.

Ein bemerkenswertes Merkmal ist das Vorhandensein einer intensiven Sternentstehungsaktivität in ihm. In den dunkleren Regionen des Nebels befinden sich dichte Wolken aus kosmischem Staub, die durch den Gravitationskollaps neue Sterne bilden. Die intensive Strahlung der heißen jungen Sterne, die bei diesem Prozess entstehen, ionisiert das umgebende Gas und schafft so eine spektakuläre kosmische Landschaft.

Eine faszinierende Tatsache über den Elefantenrüsselnebel ist, dass er einen massereichen Stern namens HD 206267 beherbergt. Dieser Stern ist ein Be-Stern, der durch das Vorhandensein einer Materiescheibe um ihn herum gekennzeichnet ist. Die Scheibe entsteht durch Material, das der Stern aufgrund seiner schnellen Rotation ausstößt. Die Anwesenheit dieses massereichen Sterns und dieser massereichen

Scheibe verleiht der Untersuchung des Nebels eine interessante Dimension.

Eine weitere faszinierende Kuriosität ist eine Region, die reich an dunklen Nebeln ist, dichten Wolken aus kosmischem Staub, die das Sternenlicht im Hintergrund blockieren. Diese dunklen Nebel bilden einen dramatischen Kontrast zu den hellen Bereichen des Nebels und sorgen für eine faszinierende visuelle Tiefe.

Hubble-Bild

KAPITEL 18: KAUGUMMI

Der Gum-Nebel, auch bekannt als Gum 12, ist ein diffuser Emissionsnebel im Sternbild Vela. Dieser Nebel wurde nach dem australischen Astronomen Colin Stanley Gum benannt, der ihn in seiner Arbeit zur Kartierung des Südhimmels katalogisierte. Lassen Sie uns seine physikalischen und chemischen Eigenschaften sowie einige interessante Fakten darüber erkunden.

Besteht hauptsächlich aus ionisiertem Gas, wobei Wasserstoff das dominierende Element ist. Die intensive Strahlung nahegelegener heißer Sterne ionisiert das Gas und bewirkt, dass es sichtbares Licht, meist roter Farbe, aussendet. Neben Wasserstoff sind im Nebel auch andere chemische Elemente wie Helium, Sauerstoff, Stickstoff und Spuren schwererer Elemente vorhanden.

Die Entfernung des Gumminebels von der Erde wird auf etwa 1.500 Lichtjahre geschätzt. Das bedeutet, dass das Licht, das wir heute vom Nebel sehen, ihn vor etwa 1.500 Jahren verließ und diese Distanz zurücklegte, um uns zu erreichen. Diese moderate Entfernung macht den Nebel zu einem relativ nahen Objekt und ermöglicht detaillierte Untersuchungen seiner Merkmale.

Ein bemerkenswertes Merkmal ist seine längliche, fadenförmige Form, die sich über einen großen Bereich des Himmels erstreckt. Diese Form ist das Ergebnis der komplexen Wechselwirkung zwischen interstellarem Gas, jungen Sternen und umgebenden Sternentstehungsregionen. Die turbulente Umgebung erzeugt faszinierende Strukturen und Muster, die im Nebel beobachtet werden können.

Eine interessante Kleinigkeit über Gum ist, dass es mit einem großen Sternentstehungskomplex namens Vela OB1 Association verbunden ist. Diese Assoziation enthält junge, massereiche Sterne, die aus den umgebenden Gas- und Staubwolken auftauchen. Die intensive Strahlung dieser Sterne formt den Nebel und spielt eine Schlüsselrolle bei der Gasentwicklung und der Entstehung neuer Sterne.

Eine weitere faszinierende Kuriosität ist, dass der Gumminebel eine helle Region namens NGC 2671 hat, bei der es sich um einen

Reflexionsnebel handelt. Dieser Nebel reflektiert das von nahen Sternen emittierte Licht und erzeugt so ein bläuliches Erscheinungsbild im Kontrast zum rötlichen Leuchten des Emissionsnebels. Die Kombination dieser beiden Nebel sorgt für ein einzigartiges visuelles Spektakel im Weltraum.

ESO-Credits

KAPITEL 19: NORDAMERIKA NGC 7000

NGC 7000, auch Nordamerikanebel genannt, ist ein Emissionsnebel im Sternbild Schwan. Dieser Nebel wurde nach seiner Ähnlichkeit mit dem nordamerikanischen Kontinent benannt, wenn er auf astronomischen Bildern beobachtet wurde. Lassen Sie uns seine physikalischen und chemischen Eigenschaften sowie einige interessante Fakten darüber erkunden.

NGC 7000 besteht hauptsächlich aus ionisiertem Gas, wobei Wasserstoff das vorherrschende Element ist. Ultraviolette Strahlung heißer, junger Sterne in der Nähe des Nebels ionisiert den Wasserstoff und lässt ihn ein rötliches sichtbares Licht aussenden. Neben Wasserstoff sind im Nebel auch andere chemische Elemente wie Helium, Sauerstoff und Spuren schwererer Elemente vorhanden.

Die Entfernung von NGC 7000 von der Erde wird auf etwa 1.600 Lichtjahre geschätzt. Das bedeutet, dass das Licht, das wir derzeit vom Nebel sehen, ihn vor etwa 1.600 Jahren verlassen hat und diese Distanz zurückgelegt hat, um uns zu erreichen. Diese relativ geringe Entfernung macht NGC 7000 zu einem beliebten Ziel für astronomische Beobachtungen und detaillierte Studien.

Ein bemerkenswertes Merkmal von NGC 7000 ist seine markante Form, die einer Karte des nordamerikanischen Kontinents ähnelt. Diese besondere Form ist das Ergebnis der unterschiedlichen Gas- und Staubdichten im Nebel sowie der Wirkung von Sternwinden und der Strahlung naher Sterne. Diese Ähnlichkeit mit dem nordamerikanischen Kontinent macht den Nebel zu einem faszinierenden und erkennbaren Himmelsobjekt.

Eine interessante Kuriosität an NGC 7000 ist, dass es mit einer aktiven Sternentstehungsregion in Verbindung steht. Innerhalb des Nebels befinden sich junge, massereiche Sterne, die durch den Gravitationskollaps von Gas- und Staubwolken entstehen. Diese entstehenden Sterne tragen im Laufe der Zeit zur Entwicklung des Nebels bei.

Eine weitere faszinierende Kuriosität ist, dass NGC 7000 oft neben einem dunklen Nebel namens Pelicula-Nebel beobachtet wird, der im Kontrast zum rötlichen Leuchten von NGC 7000 steht. Dieser dunkle Nebel besteht aus dichten Staubwolken, die das Licht von Hintergrundsternen blockieren und so Licht erzeugen ein faszinierender Look und sorgt für einen dramatischen visuellen Kontrast.

Credits:KPNO/NOIRLab/NSF/AURA/Adam Block

KAPITEL 20: WAFFE

Der Gun-Nebel, auch bekannt als Westerlund 2, ist ein Nebel im Sternbild Carina. Es erhielt seinen Namen aufgrund seiner Form, die einer Waffe ähnelt. Lassen Sie uns seine physikalischen und chemischen Eigenschaften sowie einige interessante Fakten darüber erkunden.

Besteht hauptsächlich aus Gas und kosmischem Staub. Das im Nebel vorhandene Gas besteht hauptsächlich aus ionisiertem Wasserstoff, was ihn als Emissionsnebel klassifiziert. Diese Ionisierung erfolgt aufgrund der intensiven ultravioletten Strahlung, die von heißen jungen Sternen im Nebel abgegeben wird. Neben Wasserstoff sind im Nebel auch andere chemische Elemente wie Helium, Sauerstoff und Spuren schwererer Elemente vorhanden.

Seine Entfernung von der Erde wird auf etwa 20.000 Lichtjahre geschätzt. Das bedeutet, dass das Licht, das wir derzeit aus dem Nebel beobachten, ihn vor etwa 20.000 Jahren verließ und diese große Entfernung zurücklegte, um uns zu erreichen. Diese beträchtliche Entfernung macht den Nebel zu einem weit entfernten Objekt, das jedoch mit modernen Teleskopen immer noch sichtbar und erforscht werden kann.

Ein bemerkenswertes Merkmal des Gun-Nebels ist das Vorhandensein eines dichten jungen Sternhaufens in seinem Zentrum, der als Westerlund 2 bekannt ist. Dieser Haufen enthält einige der massereichsten und hellsten bekannten Sterne, darunter auch heiße Wolf-Rayet-Sterne. und gegen Ende ihres Lebens instabil. Diese Sterne liefern eine beträchtliche Menge ultravioletter Strahlung, die das umgebende Gas ionisiert und so einen spektakulär hellen Nebel erzeugt.

Eine faszinierende Tatsache über den Gun-Nebel ist, dass er von einer dunklen Wolke aus kosmischem Staub umgeben ist. Diese als Dunkelnebel bekannte Wolke blockiert das Licht von Hintergrundsternen und erzeugt so einen auffälligen Kontrast zwischen den hellen und dunklen Bereichen des Nebels. Diese dunklen Wolken sind potenzielle Orte zukünftiger Sternentstehung, an denen Staub und Gas unter ihrer eigenen Schwerkraft kollabieren und neue Sterne bilden können.

Eine weitere faszinierende Kuriosität ist, dass der Gun-Nebel einen eigenartigen Stern namens WR 20a beherbergt. Dieser Stern ist mit einer geschätzten Masse von mehr als dem 80-fachen der Masse der Sonne einer der massereichsten bekannten Sterne. Darüber hinaus ist WR 20a Teil eines Doppelsternsystems, in dem zwei Sterne einander umkreisen. Diese Kombination aus hoher Masse und Doppelstern macht WR 20a zu einem äußerst interessanten Stern für Astronomen.

Falschfarbenbild vonSternund der Kanonennebel

KAPITEL 21: ROSETTENFENSTER – NGC 2237

Der Rosettennebel, auch bekannt als NGC 2237, ist ein wunderschöner Nebel im Sternbild Monoceros. Seinen Namen verdankt es seiner Ähnlichkeit mit einer Rose auf Astrofotos. Lassen Sie uns seine physikalischen und chemischen Eigenschaften sowie einige interessante Fakten darüber erkunden.

Rosette ist ein Emissionsnebel, der hauptsächlich aus interstellarem Gas und Staub besteht. Das vorherrschende Gas im Nebel ist Wasserstoff, der durch die intensive ultraviolette Strahlung nahegelegener heißer, junger Sterne ionisiert wird. Durch diese Ionisierung emittiert das Gas sichtbares Licht, hauptsächlich die charakteristische rote Farbe von Emissionsnebeln. Neben Wasserstoff enthält der Nebel auch andere chemische Elemente wie Helium, Sauerstoff und Spuren schwererer Elemente.

Seine Entfernung von der Erde wird auf etwa 5.000 Lichtjahre geschätzt. Das bedeutet, dass das Licht, das wir derzeit vom Nebel aus beobachten, ihn vor etwa 5.000 Jahren verlassen hat und diese Distanz zurückgelegt hat, um uns zu erreichen. Obwohl der Rosettanebel relativ weit entfernt ist, ist er aufgrund seiner Schönheit und interessanten Merkmale ein beliebtes Objekt für astronomische Beobachtungen.

Ein bemerkenswertes Merkmal des Rosettennebels ist der offene Sternhaufen in seinem Zentrum, bekannt als NGC 2244. Dieser Haufen besteht aus einer Gruppe junger, massereicher Sterne, die sich aus dem Gas und Staub des Nebels selbst gebildet haben. Diese hellen Sterne ergeben zusammen mit dem umgebenden Nebel ein beeindruckendes visuelles Spektakel.

Eine weitere faszinierende Kuriosität ist das Vorhandensein säulenförmiger oder säulenförmiger Strukturen im Rosettennebel, ähnlich den „Fingern" aus Staub und Gas, die aus dem Nebel herausragen. Diese Strukturen werden als Säulen der Schöpfung bezeichnet und sind Orte intensiver Sternentstehungsaktivität. Sie werden durch Strahlung und Sternwinde junger Sterne geformt und erzeugen dramatische und interessante Formen.

Darüber hinaus ist der Rosettanebel eine Region, die reich an neu gebildeten Sternen ist. Die Sternentstehung findet in dichten Gas- und Staubwolken statt, in denen durch den Gravitationskollaps neue Sterne entstehen. Diese heißen, jungen Sterne erhellen den Nebel mit ihrer intensiven Strahlung und schaffen einen schillernden Hintergrund aus Farben und Formen.

Es ist wichtig hervorzuheben, dass Roseta ein Objekt in ständiger Entwicklung ist. Wenn die massereichsten Sterne altern, werfen sie ihre äußeren Schichten in heftigen Supernova-Explosionen ab und schleudern chemisch angereicherte Elemente in den Weltraum. Diese Ereignisse tragen zum Recycling von Materie und zur Anreicherung des interstellaren Mediums bei.

Bild: NASA

KAPITEL 22: ORION (M42) NGC 1976

Der Orionnebel, auch bekannt als M42 oder NGC 1976, ist einer der berühmtesten und am leichtesten erkennbaren Nebel am Nachthimmel. Dieser im Sternbild Orion gelegene Nebel ist einer der von Astronomen am besten untersuchten und fotografierten. Lassen Sie uns seine physikalischen und chemischen Eigenschaften sowie einige interessante Fakten darüber erkunden.

Der Orionnebel ist ein Emissions- und Reflexionsnebel, der aus interstellarem Gas und Staub besteht. Es besteht hauptsächlich aus ionisiertem Wasserstoff, der ein charakteristisches rotes Licht aussendet, enthält aber auch andere chemische Elemente wie Helium, Sauerstoff und Spuren schwererer Elemente. Darüber hinaus reflektiert der kosmische Staub im Nebel das Licht von nahegelegenen Sternen, wodurch bläuliche Regionen entstehen und ein faszinierender Kontrast entsteht.

Seine Entfernung von der Erde wird auf etwa 1.344 Lichtjahre geschätzt. Das bedeutet, dass das Licht, das wir derzeit aus dem Nebel beobachten, ihn vor etwa 1.344 Jahren verließ und diese große Entfernung zurücklegte, um uns zu erreichen. Obwohl es sich nicht um einen der erdnächsten Nebel handelt, ermöglicht seine relative Nähe detaillierte Studien und faszinierende Beobachtungen.

Ein bemerkenswertes Merkmal ist das Vorhandensein eines offenen Sternhaufens in seinem Zentrum, der als Trapezium bekannt ist. Dieser Cluster besteht aus jungen, massereichen Sternen, die aus dem Gas und Staub des Nebels selbst entstanden sind. Diese hellen Sterne sind für die Ionisierung des Gases im Nebel verantwortlich und erzeugen Regionen mit intensiver Emission. Das Trapez ist mit bloßem Auge sichtbar und kann durch Teleskope in erstaunlichen Details betrachtet werden.

Eine interessante Kuriosität ist das Vorhandensein von Strukturen, die als „protoplanetare" oder „Akkretionsscheiben" im Orionnebel bekannt sind. Diese Scheiben werden aus Material gebildet, das bei der Sternentstehung übrig geblieben ist, und könnten in der Zukunft zur Entstehung von Planetensystemen führen. Die Beobachtung dieser Scheiben ist von großer Bedeutung, um den Entstehungsprozess von Planeten um junge Sterne zu verstehen.

Darüber hinaus ist der Orionnebel ein Ort intensiver Sternentstehung. Im Inneren des Nebels kollabieren Gas- und Staubwolken aufgrund ihrer eigenen Schwerkraft und lassen neue Sterne entstehen. Die Anwesenheit junger und massereicher Sterne trägt zur intensiven Emission ultravioletter Strahlung bei, die wiederum das Gas ionisiert und das beobachtete spektakuläre Leuchten erzeugt.

Bild: James Webb

Eine weitere Kuriosität ist das Vorhandensein von Jets und Materieströmen, die von jungen Sternen im Orionnebel ausgestoßen werden. Diese Jets entstehen, wenn Material um einen sich bildenden Stern herum mit hoher Geschwindigkeit entlang der Magnetpole des Sterns ausgeschleudert wird. Diese Jets können große Entfernungen in den Nebel hinein ausdehnen und dabei faszinierende lineare Strukturen erzeugen.

Ein faszinierendes Phänomen im Zusammenhang mit dem Orionnebel ist das Vorhandensein veränderlicher Sterne, die als T-Tauri-Sterne bekannt sind. Diese Sterne sind jung und befinden sich noch im Prozess der Kontraktion und Anpassung, bevor sie als Hauptreihensterne Stabilität erreichen. Sie weisen im Laufe der Zeit starke Helligkeitsschwankungen auf, was auf Änderungen in der Geschwindigkeit der Ansammlung von Materie auf ihren Oberflächen zurückzuführen ist.

Eine aktuelle Entdeckung war das Vorhandensein einer protoplanetaren Scheibe um einen Stern namens HL Tau. Dieses mit dem Atacama Large Millimeter Array (ALMA) aufgenommene Bild zeigte deutliche Ringe in der Scheibe, was auf eine mögliche Planetenentstehung schließen lässt. Diese Entdeckung bietet wertvolle Informationen über den Prozess der Planetenentstehung und die Entwicklung von Sternensystemen.

KAPITEL 23: ETA CARINAE

Der Eta-Carinae-Nebel ist einer der bemerkenswertesten und faszinierendsten Nebel am Nachthimmel. Dieser im Sternbild Carina gelegene Nebel ist dafür bekannt, ein riesiges Sternensystem zu beherbergen und eine Vielzahl einzigartiger astronomischer Phänomene zu zeigen. Lassen Sie uns seine physikalischen und chemischen Eigenschaften sowie einige interessante Fakten darüber erkunden.

Eta Carinae ist ein Emissionsnebel, der hauptsächlich aus interstellarem Gas und Staub besteht. Es ist die Heimat eines massereichen Doppelsterns namens Eta Carinae, der für die große Energie- und Strahlungsmenge in der Region verantwortlich ist. Der Hauptstern des Systems hat eine geschätzte Masse von mehr als dem Hundertfachen der Masse unserer Sonne und ist damit einer der massereichsten bekannten Sterne.

Die Entfernung des Nebels zur Erde wird auf etwa 7.500 Lichtjahre geschätzt. Das bedeutet, dass das Licht, das wir derzeit vom Nebel aus beobachten, ihn vor etwa 7.500 Jahren verließ und diese große Entfernung zurücklegte, um uns zu erreichen. Die große Entfernung des Nebels macht ihn zu einem herausfordernden Ziel für detaillierte Untersuchungen, doch Fortschritte in der Technologie haben ein besseres Verständnis seiner Merkmale ermöglicht.

Ein bemerkenswertes Merkmal des Nebels ist das Doppelsternsystem, das ihn bewohnt. Die beiden Sterne des Systems umkreisen einander auf einer elliptischen Umlaufbahn. Der Primärstern ist extrem instabil und erfährt regelmäßig explosive Eruptionen, die immense Mengen an Energie und Material in den Weltraum freisetzen. Diese Ausbrüche sind als der Große Eta-Carinae-Ausbruch bekannt, der zuletzt im 19. Jahrhundert stattfand und ihn zu einem der hellsten Sterne am Nachthimmel machte.

Eine weitere faszinierende Kuriosität ist das Vorhandensein von fadenförmigen Strukturen und Gaswirbeln im Nebel, die als „Finger des Nebels" bekannt sind. Diese Merkmale sind das Ergebnis komplexer Wechselwirkungen zwischen dem Sternwind und dem ihn umgebenden Material und erzeugen atemberaubende visuelle Muster.

Bekannt dafür, eine Region mit intensiver Sternentstehung zu beherbergen. Im Inneren des Nebels führt der gravitative Kollaps von Gas und Staub zur Bildung junger, massereicher Sterne. Diese sich bildenden Sterne emittieren eine beträchtliche Menge ultravioletter Strahlung, die das sie umgebende Gas ionisiert und den Nebel hell leuchten lässt.

Jüngste Studien haben auch das Vorhandensein komplexer Moleküle im Eta-Carinae-Nebel gezeigt, wie Alkohole, Ester und Kohlenwasserstoffe. Diese Entdeckungen haben wichtige Auswirkungen auf das Verständnis der interstellaren Chemie und des Ursprungs des Lebens im Universum.

Bild: James Webb

KAPITEL 24: VOGELSPINNE – 30 DORADUS – NGC 2070

Der Tarantelnebel, auch bekannt als 30 Doradus oder NGC 2070, ist eine der beeindruckendsten und faszinierendsten kosmischen Erscheinungen in unserer Milchstraße. Der Tarantelnebel liegt in der Großen Magellanschen Wolke, einer Satellitengalaxie in der Nähe unserer Galaxie. Er ist eine Region intensiver Sternentstehung und beherbergt eine große Vielfalt astronomischer Phänomene.

Dieser Nebel ist mit einer Ausdehnung von etwa 650 Lichtjahren einer der größten und hellsten bekannten Nebel. Sein verschwommenes Aussehen ist das Ergebnis einer Kombination aus Gas, interstellarem Staub und jungen Sternen, die intensive ultraviolette Strahlung aussenden. Im Zentrum des Nebels befindet sich ein massiver Sternhaufen namens R136, der einige der heißesten und leuchtendsten Sterne beherbergt, die jemals beobachtet wurden. Einige dieser einzelnen Sterne haben Massen, die bis zu 200-mal so groß sind wie die unserer Sonne.

Eines der auffälligsten Merkmale des Tarantelnebels ist das Vorhandensein von Gas- und Staubwolken, die aus dem riesigen Sternenfeld aufsteigen. Diese Säulen entstehen durch die intensive Strahlung junger Sterne und formen einzigartige und faszinierende Formen. Diese Strukturen ähneln denen im berühmten Adlernebel, wie das Hubble-Weltraumteleskop zeigt.
Die Entfernung zwischen der Vogelspinne und der Erde beträgt etwa 160.000 Lichtjahre. Auch wenn das astronomisch gesehen weit weg erscheinen mag, ist es im Vergleich zu anderen Nebeln relativ nah. Seine Nähe erleichtert detaillierte Beobachtungen und Studien und macht es zu einer unschätzbar wertvollen Informationsquelle über Sternentstehung und galaktische Entwicklung.

Bild: James Webb

Zusätzlich zu seinen beeindruckenden physikalischen Merkmalen birgt der Tarantelnebel auch einige interessante Kuriositäten. Beispielsweise ist er dafür bekannt, dass dort die Supernova 1987A stattfand, eine der nächsten Sternexplosionen, die jemals aufgezeichnet wurden. Diese Supernova ereignete sich innerhalb des Nebels und führte zur Bildung einer Stoßwelle, die sich immer noch ausdehnt und mit dem interstellaren Medium interagiert.

Eine weitere bemerkenswerte Kuriosität: Es ist ein beliebtes Ziel für Astronomen, die die Sternentstehung unter extremen Bedingungen untersuchen möchten. Die hohe Sternentstehungsrate und das Vorhandensein massereicher Sterne bieten eine einzigartige Gelegenheit zu verstehen, wie sich Sterne in Umgebungen mit extremem Druck und extremer Temperatur entwickeln.

Bild: James Webb

KAPITEL 25: TRIFFID – NGC 6514 (M20)

Der Trifidnebel, auch bekannt als Messier 20 oder NGC 6514, ist ein Emissionsnebel im Sternbild Schütze in der Milchstraße. Er ist einer der bekanntesten und am meisten fotografierten Nebel am Nachthimmel und lässt sich leicht an seinen leuchtenden Farben und markanten Strukturen erkennen.

Trifid hat ein dreidimensionales Erscheinungsbild, das aus drei unterschiedlichen Regionen besteht, die hervorstechen. Die erste ist eine helle Zone aus ionisiertem Wasserstoff, der dem Nebel seine tiefrote Farbe verleiht. Diese Region ist das Ergebnis intensiver ultravioletter Strahlung heißer, junger Sterne, die das umgebende Gas ionisiert.

Die zweite Region ist ein dunkler Bereich aus interstellarem Staub, der komplizierte Muster und dunkle Filamente bildet. Diese Strukturen werden wegen ihrer Ähnlichkeit mit der Silhouette eines Pferdes als „Pferdebeine" bezeichnet. Der interstellare Staub fungiert als Obskurant und blockiert das Licht der dahinter liegenden Sterne.

Die dritte Region des Trifidnebels ist ein Reflexionsbereich, in dem Sternenlicht von Staubpartikeln reflektiert wird. Dieser Bereich erscheint bläulich und hebt sich vom roten Leuchten der Emissionsregionen ab. Das Vorhandensein dieser verschiedenen Regionen im Trifidnebel macht ihn zu einer bemerkenswerten und optisch interessanten Struktur.

Bild: IT

Was die Entfernung von der Erde angeht, wird geschätzt, dass der Trifidnebel etwa 5.200 Lichtjahre entfernt ist. Das bedeutet, dass das Licht, das wir heute sehen, den Nebel vor mehr als 5.000 Jahren verließ, lange vor der Erfindung der Schrift. Obwohl der Trifidnebel relativ weit von uns entfernt ist, gilt er aus astronomischer Sicht als relativ naher Nebel.

Zusätzlich zu seinen physischen Eigenschaften und seiner Entfernung hat Trifid auch einige interessante Kuriositäten zu bieten. Beispielsweise ist bekannt, dass er in seinem Inneren eine große Anzahl junger Sterne beherbergt, von denen sich viele noch im Entstehungsprozess befinden. Diese Region intensiver Sternentstehung ist das Ergebnis des gravitativen Zusammenbruchs von Gas- und Staubwolken, wodurch neue Sterne entstehen.

Eine weitere Kuriosität ist, dass der Trifid Teil eines größeren Nebelkomplexes ist, der als „Nebelnebel" bezeichnet wird. Schütze-Molekülwolkenkomplex. Dieser Komplex enthält mehrere andere Nebel und Sternentstehungsregionen, die zum Reichtum und zur Vielfalt beitragen, die in dieser Himmelsregion beobachtet werden.

Bildnachweis: ESO/Gábor Tóth

KAPITEL 26: MESSIER 43 – NGC 1982 (M43)

Messier 43, auch bekannt als M43 oder NGC 1982, ist ein Nebel im Sternbild Orion, relativ nahe am berühmten Orionnebel (Messier 42). Es handelt sich um eine Sternentstehungsregion, die mit dem Orion-Molekülwolkenkomplex in Verbindung steht und etwa 1.600 Lichtjahre von der Erde entfernt liegt.

AM 43 ist ein Reflexionsnebel, das heißt, sein Licht wird vom interstellaren Staub reflektiert. Es liegt in einer Übergangsregion zwischen dem Orionnebel und der dunklen Region, die als Orion Hollow bekannt ist. Dieser Nebel zeichnet sich besonders durch die Anwesenheit eines kleinen Sternhaufens namens NGC 1981 aus, der in ihm liegt.

Bildnachweis: ESA/Hubble und NASA

Die physikalischen und chemischen Eigenschaften von Messier 43 ähneln denen anderer Reflexionsnebel. Interstellarer Staub im Nebel streut das Licht von nahegelegenen Sternen und verleiht ihm einen bläulichen Schimmer. Dieser Staub besteht aus winzigen Partikeln wie Silikat- und Eiskörnern, die das Sternenlicht reflektieren und zum leuchtenden Aussehen des Nebels beitragen.

Bildnachweis: NASA

Seine Winkelausdehnung beträgt etwa 20 Bogenminuten, was einer physikalischen Ausdehnung von etwa 3 Lichtjahren entspricht. Obwohl er nicht so groß ist wie sein Nachbar, der Orionnebel, gilt er aus astronomischer Sicht immer noch als relativ große Region.

Eine interessante Kuriosität an Messier 43 ist, dass seine Entstehung eng mit dem Orionnebel zusammenhängt. Beide Nebel haben einen gemeinsamen Molekülkomplex, der aus Gas- und Staubwolken besteht. Die von jungen Sternen im Orionnebel, einschließlich des berühmten Trapez-Sternhaufens, freigesetzte Energie spielt eine Schlüsselrolle bei der Ionisierung von Gas und der Schaffung der für die Sternentstehung in Messier 43 notwendigen Bedingungen.

Darüber hinaus wird Messier 43 auch mit dem sogenannten „Barnard-Ring" in Verbindung gebracht, einer kreisförmigen Struktur, die den hellen Stern Alnitak umgibt, der Teil des Gürtels des Orion ist. Dieser Ring wird durch Material gebildet, das junge Sterne bei Sternentstehungsprozessen ausstoßen.

Bild: Hubble

KAPITEL 27: MESSIER 78 – (M78) – NGC 2068

Messier 78, auch bekannt als M78 oder NGC 2068, ist ein Reflexionsnebel im Sternbild Orion. Es ist Teil des Orion-Molekülwolkenkomplexes, der sich etwa 1.350 Lichtjahre von der Erde entfernt befindet. Messier 78 ist einer der hellsten und sichtbarsten Nebel in dieser Region.

Messier 78 zeichnet sich durch sein verschwommenes Aussehen und seine bläuliche Farbe aus und besteht aus interstellarem Staub, der das Licht von nahegelegenen Sternen reflektiert. Die von jungen Sternen im Nebel emittierte Strahlung beleuchtet den Staub und führt zu seiner charakteristischen Färbung. Dieser Staub besteht hauptsächlich aus Silikat- und Eiskörnern, die das Licht effektiv streuen.

Der Nebel hat eine Winkelausdehnung von etwa 8 Bogenminuten, was einer physikalischen Ausdehnung von etwa 5 Lichtjahren entspricht. Es besteht aus vielen dichten filamentösen Molekülwolken, die Orte der aktiven Sternentstehung sind. Diese Wolken bestehen hauptsächlich aus molekularen Gasen wie Wasserstoff und Helium sowie Spuren anderer chemischer Elemente.

Eine interessante Kuriosität an Messier 78 ist, dass es Teil eines Dreifachsternsystems ist, das als Theta-Orionis-Komplex bekannt ist. Dieses System besteht aus den Sternen Theta 1 Orionis, Theta 2 Orionis und Theta 3 Orionis, die für die Ionisierung und Beleuchtung des Nebels verantwortlich sind. Die Anwesenheit dieser hellen Sterne trägt zur Schönheit und Brillanz von Messier 78 bei.

NASA/ESA

Eine weitere Kuriosität ist, dass Messier 78 zwar bei dunklem Himmel mit bloßem Auge sichtbar ist, bei näherer Betrachtung jedoch faszinierende Strukturen sichtbar werden. Beobachtungen bei verschiedenen Wellenlängen wie Infrarot und Radio zeigten das Vorhandensein protoplanetarer Scheiben um einige junge Sterne im Nebel. Diese Scheiben gelten als Kinderstube der Planetenentstehung und liefern wertvolle Informationen über den Entstehungsprozess von Planetensystemen.

Es ist auch bekannt, dass Messier 78 eine Vielzahl junger Sterne beherbergt, darunter T-Tauri-Sterne, die sich in den frühen Stadien ihrer Entwicklung befinden. Diese Sterne weisen interessante Merkmale wie starke Wasserstofflinienemissionen und Helligkeitsschwankungen im Laufe der Zeit aufgrund magnetischer Aktivitäten und Wechselwirkungen mit zirkumstellaren Scheiben auf.

NASA/ESA

KAPITEL 28: NGC 248

NGC 248 ist ein Nebel in der Großen Magellanschen Wolke, einer Satellitengalaxie der Milchstraße. Er ist als Emissionsnebel bekannt und zeichnet sich durch seine hellen und intensiven Farben aus. NGC 248 ist einer der bekanntesten und am besten untersuchten Nebel dieser Galaxie.

Die Entfernung von NGC 248 von der Erde wird auf etwa 160.000 Lichtjahre geschätzt. Aufgrund dieser beträchtlichen Entfernung ist dieser Nebel für eine detaillierte Beobachtung unerreichbar, aber es ist dennoch möglich, ihn zu untersuchen und wichtige Informationen über seine Zusammensetzung und physikalischen Eigenschaften zu erhalten.

Bildnachweis: NASA, ESA, STScI, K. Sandstrom

NGC 248 besteht hauptsächlich aus ionisiertem Wasserstoff, der Licht in verschiedenen Wellenlängen aussendet, was zu den charakteristischen leuchtenden Farben des Nebels führt. Die intensive ultraviolette Strahlung heißer, junger Sterne ist für die Ionisierung des Gases und die Erzeugung des charakteristischen Leuchtens verantwortlich.

Eines der bemerkenswerten Merkmale von NGC 248 ist seine

unregelmäßige und komplexe Form. Es weist eine fadenförmige und verdrehte Struktur auf, die sich über einen großen Bereich des Himmels erstreckt. Diese Struktur könnte das Ergebnis früherer Phänomene wie der Gravitationswechselwirkung mit benachbarten Sternen oder von Supernova-Explosionen sein.

Interessanterweise beherbergt NGC 248 auch einen besonderen Stern namens Sher 25. Dieser helle und massereiche Stern liegt am Rand des Nebels und ist von einer protoplanetaren Scheibe umgeben. Die protoplanetare Scheibe besteht aus Material um den Stern herum, aus dem sich schließlich Planeten bilden könnten. Das Vorhandensein einer solchen Scheibe in einem massereichen Stern ist ein ungewöhnliches Phänomen und weckt das Interesse der Astronomen.

Eine weitere interessante Kuriosität an NGC 248 ist seine Verbindung mit aktiven Sternentstehungsregionen. Der Nebel ist der Geburtsort vieler junger und massereicher Sterne, die sich in den frühen Stadien ihrer Entwicklung befinden. Die Anwesenheit dieser jungen Sterne trägt zur Ionisierung und Helligkeit des Nebels bei und spielt eine wichtige Rolle bei der Entwicklung der Muttergalaxie.

Die Untersuchung von NGC 248 und anderen Nebeln in der Großen Magellanschen Wolke ist der Schlüssel zum Verständnis der Sternentstehung und der physikalischen Prozesse, die in entfernten Galaxien ablaufen. Diese Beobachtungen liefern wertvolle Informationen über die Bedingungen und Mechanismen, die die Entstehung und Entwicklung von Sternen steuern.

Bildnachweis: NASA, ESA, STScI, K. Sandstrom

KAPITEL 29: NGC 256

NGC 256 ist ein Nebel im Sternbild Cetus (der Wal). Auch als IC 1590 bekannt, handelt es sich um einen Emissionsnebel, der sich durch seine Leuchtkraft und intensive Färbung auszeichnet. Obwohl NGC 256 nicht so bekannt ist wie einige der bekannteren Nebel, wie zum Beispiel der Orionnebel, hat er doch seine eigenen faszinierenden Merkmale.

Die genaue Entfernung von NGC 256 von der Erde ist nicht eindeutig geklärt, was es schwierig macht, seine physikalischen Eigenschaften genau zu bestimmen. Allerdings wird seine Entfernung von der Erde auf etwa 6.500 Lichtjahre geschätzt. Aufgrund dieser relativ großen Entfernung befindet sich der Nebel in einer entfernten Region unseres Sonnensystems.

NASA/ESA

NGC 256 besteht hauptsächlich aus ionisiertem Gas wie Wasserstoff, Helium und anderen chemischen Elementen, die in den Molekülwolken der Region vorhanden sind. Die intensive Strahlung heißer, junger Sterne im Nebel ist für die Ionisierung des Gases verantwortlich, wodurch es Licht unterschiedlicher Wellenlängen aussendet. Diese Emission erzeugt die charakteristischen rötlichen und rosa Farbtöne, die im Nebel zu sehen sind.

Eines der bemerkenswerten Merkmale von NGC 256 ist das Vorhandensein eines offenen Sternhaufens namens Collinder 399. Dieser Haufen besteht aus jungen, massereichen Sternen, die sich im Nebel gebildet haben. Die von diesen Sternen freigesetzte Energie ist einer der Hauptfaktoren für die Ionisierung des Gases im Nebel, was zu seinem hellen Erscheinungsbild beiträgt.

Darüber hinaus ist NGC 256 mit einer Region aktiver Sternentstehung verbunden, in der durch den gravitativen Kollaps von Gas- und Staubwolken neue Sterne entstehen. Diese Region ist durch Phänomene wie die Bildung protoplanetarer Scheiben um junge Sterne gekennzeichnet, die sich zu Planetensystemen entwickeln können.

Eine weitere interessante Kuriosität an NGC 256 ist, dass es sich in der Nähe des sogenannten lokalen Sonnenwinds befindet, einer Region, in der der Strom geladener Teilchen von der Sonne auf die umgebende interstellare Materie trifft. Diese Wechselwirkung kann erhebliche Auswirkungen auf die physikalischen Eigenschaften des Nebels haben und seine Sternentstehungsumgebung beeinflussen.

Obwohl NGC 256 vielleicht nicht so bekannt ist wie andere Nebel, ist seine Bedeutung für das Verständnis der Sternentstehung und der Entwicklung entfernter Galaxien nicht zu unterschätzen. Detaillierte Studien dieses Nebels und seiner Verbindung mit dem Sternhaufen Collinder 399 liefern wertvolle Einblicke in die Dynamik und physikalischen Prozesse, die in dieser Region des Universums ablaufen.

hubble

KAPITEL 30: GNC 7129

NGC 7129 ist ein Reflexionsnebel im Sternbild Kepheus, etwa 3.300 Lichtjahre von der Erde entfernt. Es ist bekannt für sein besonderes Aussehen und seine faszinierenden physikalischen und chemischen Eigenschaften.

Dieses Bild ist eine Kombination aus Beobachtungen mit dem riesigen Subaru-10-Meter-Teleskop, dem 0,81-Meter-Schulman-Teleskop (von meinem alten Freund Adam Block) und einem 35-cm-Teleskop, alle bearbeitet von Robert Gendler und Roberto Colombari.

Hinsichtlich seiner physikalischen Struktur besteht NGC 7129 aus einem Emissionsnebel, der von einem Reflexionsnebel umgeben ist. Der Emissionsnebel wird von heißen jungen Sternen beleuchtet, die sich gerade bilden. Diese Sterne senden intensive ultraviolette Strahlung aus, die das umgebende Gas ionisiert und zum Leuchten bringt. Der Reflexionsnebel wird durch Sternenlicht beleuchtet, das von in der Region vorhandenen Staubpartikeln reflektiert wird.

Das Spitzer-Weltraumteleskop der NASA sieht im Infrarotbereich und erkennt den Staub. Ein Teil dieses Staubs definiert die Blase in der größeren Wolke (rot), während ein anderer Teil von Sternen stammt, die Material ausstoßen (grün). Der Gesamteffekt lässt NGC 7129 wie eine ungeöffnete Rosenknospe aussehen. NASA/JPL-Caltech/T. Megeath (Harvard-Smithsonian CfA)

Ebenso interessant sind die chemischen Eigenschaften. Es enthält eine Vielzahl von Elementen und Verbindungen, wie zum Beispiel Wasserstoff, Helium, Sauerstoff, Stickstoff und Spurenelemente schwererer Elemente. Diese Elemente sind für die Entstehung von Sternen und Planeten unerlässlich, und ihre Anwesenheit im Nebel weist darauf hin, dass in den entstehenden Sternen Kernfusionsprozesse stattfinden.

Eine der Kuriositäten ist das Vorhandensein protoplanetarer Scheiben um einige der jungen Sterne im Inneren. Diese Scheiben werden aus dem Material gebildet, das von der Gas- und Staubwolke übrig bleibt, aus der der Stern entstanden ist. Sie gelten als Kinderstube für Planeten, wo sich Materieklumpen zu sich entwickelnden Planetenkörpern zusammenschließen.

Darüber hinaus weist NGC 7129 auch dunkle Staubsäulen auf, die als Bok-Säulen bekannt sind. Diese länglichen Strukturen entstehen durch die Wirkung von Sternwinden und der intensiven Strahlung der in der Region vorhandenen jungen

Sterne. Bok-Säulen sind oft in Reflexionsnebeln zu sehen und ihr eigenartiges Aussehen verleiht NGC 7129 ein optisch faszinierendes Element.

KAPITEL 31: GNC 6914

NGC 6914 ist ein Emissionsnebel im Sternbild Schwan, etwa 6.000 Lichtjahre von der Erde entfernt. Dieser Nebel weist interessante physikalische und chemische Eigenschaften sowie einige faszinierende Kuriositäten auf.

Was seine physikalische Struktur betrifft, besteht NGC 6914 aus einer Region aus Gas und Staub, in der aktive Sternentstehung stattfindet. In diesem Nebel finden wir heiße, junge Sterne, deren ultraviolette und infrarote Strahlung das Gas erhitzen und hell leuchten lassen, wodurch das charakteristische Aussehen von Emissionsnebeln entsteht.

Was die chemischen Eigenschaften betrifft, besteht NGC 6914 hauptsächlich aus Wasserstoff, dem am häufigsten vorkommenden Element im Universum, sowie Helium und Spuren anderer schwererer Elemente. Diese Elemente sind das Ergebnis von Kernreaktionen, die in entstehenden Sternen stattfinden, und sind auch wichtig für die Entstehung neuer Sterne und Planeten.

Eine der Kuriositäten ist die Anwesenheit massereicher und supermassereicher Sterne im Inneren. Diese Sterne haben eine viel größere Masse als unsere Sonne und spielen eine Schlüsselrolle bei der Entwicklung des Nebels. Sie emittieren intensive Strahlung und Sternwinde und können schließlich als Supernovae explodieren, wodurch noch mehr Energie und Material in den umgebenden Nebel injiziert wird.

Ein weiteres faszinierendes Merkmal von NGC 6914 ist das Vorhandensein von Schockregionen. Diese Regionen entstehen, wenn Sternwinde und Strahlung junger Sterne mit umgebendem Gas und Staub kollidieren und Stoßwellen erzeugen, die das Material des Nebels weiter komprimieren und erhitzen können. Diese Schocks können noch mehr Sternentstehungsprozesse auslösen und so neue Sterne im Nebel entstehen lassen.

Bildnachweis: Ivan Eder

KAPITEL 32: NGC 6357

NGC 6357 ist ein Nebel im Sternbild Skorpion, in einer geschätzten Entfernung von etwa 8.000 Lichtjahren von der Erde. Dieser Nebel verfügt über beeindruckende physikalische und chemische Eigenschaften sowie einige interessante Kuriositäten.

NGC 6357 ist ein Emissionsnebel, was bedeutet, dass sein Leuchten durch die Emission ionisierter Gase erzeugt wird, die durch ultraviolette Strahlung der heißen, jungen Sterne der Region angeregt werden. Diese Sterne sind für die Entstehung und Aufrechterhaltung dieses Nebels verantwortlich.

Bild: NASA

Was seine chemischen Eigenschaften betrifft, besteht NGC 6357 hauptsächlich aus Wasserstoff, dem am häufigsten vorkommenden Element im Universum, sowie Helium und anderen schwereren Elementen. Das Vorhandensein dieser Elemente ist das Ergebnis nuklearer Prozesse, die im Inneren der sich bildenden Sterne ablaufen.

Eine der bemerkenswertesten Kuriositäten von NGC 6357 ist das Vorhandensein extrem massereicher Sternentstehungen. In diesem Nebel finden wir junge, massereiche Sterne, von denen einige Massen haben, die mehrere Dutzend Mal so groß sind wie die unserer Sonne. Diese Sterne werden O-Sterne und Wolf-Rayet-Sterne genannt und gelten als extrem heiß und leuchtend. Sie sind kurzlebig, aber intensiv und können einen erheblichen Einfluss auf die Entwicklung des Nebels haben.

Eine weitere faszinierende Kuriosität ist das Vorhandensein komplexer Staub- und Gasstrukturen in NGC 6357. Zu diesen Strukturen gehören Filamente, Blasen und Säulen aus dunklem Staub. Diese Merkmale werden durch Strahlung und Sternwinde der jungen, massereichen Sterne des Nebels geformt. Blasen sind Regionen, in denen Gas durch Sternwinde und Supernovae herausgedrückt wird und Hohlräume entstehen. Staubsäulen sind längliche Strukturen, die durch intensive Strahlung geformt werden, ähnlich den berühmten Säulen im Adlernebel.

Darüber hinaus beherbergt NGC 6357 auch eine Region, die als „Baby-Elefantennest" bekannt ist, eine dunkle Wolke aus Gas und Staub, die einem hockenden Elefanten ähnelt. Diese eigenartige Formation verleiht dem Nebel ein optisch interessantes Element.

Bild: NASA

KAPITEL 33: NGC 6193

NGC 6193 ist ein Sternhaufen im Sternbild Altar, etwa 4.200 Lichtjahre von der Erde entfernt. Diese Sternansammlung weist unterschiedliche physikalische und chemische Eigenschaften sowie interessante Kuriositäten auf.

Besteht aus einer Gruppe junger und massereicher Sterne, die als Hauptreihensterne bekannt sind. Diese Sterne haben Massen, die um ein Vielfaches größer sind als die unserer Sonne, und befinden sich in einer aktiven Entwicklungsphase. Die intensive Strahlung dieser Sterne ist für die Ionisierung des umgebenden Gases verantwortlich, was zu einem Emissionsnebel im Zusammenhang mit NGC 6193 führt.

Was die chemischen Eigenschaften betrifft, besteht NGC 6193 hauptsächlich aus Wasserstoff, Helium und Spuren anderer schwererer Elemente wie Sauerstoff, Stickstoff und Kohlenstoff. Diese Elemente sind für die Entstehung von Sternen und Planeten unerlässlich, und ihre Anwesenheit im Sternhaufen weist darauf hin, dass darin Kernfusionsprozesse stattfinden.

Eine der bemerkenswerten Kuriositäten ist die Anwesenheit eines besonders massereichen Sterns namens HD 150136. Dieser Stern gilt als Wolf-Rayet-Stern, der dafür bekannt ist, extrem heiß und leuchtend zu sein. Wolf-Rayet-Sterne gelten als fortgeschrittene Stadien der Sternentwicklung und sind relativ kurzlebig, bevor sie als Supernovae explodieren. Das Vorhandensein eines Wolf-Rayet-Sterns in NGC 6193 weist auf ein relativ junges Alter dieses Sternhaufens hin.

Eine weitere faszinierende Kuriosität ist das Vorhandensein eines Reflexionsnebels im Zusammenhang mit NGC 6193. Dieser Nebel wird vom Sternenlicht des Sternhaufens beleuchtet und entsteht durch die Streuung des Sternenlichts durch in der Region vorhandene Staubpartikel. Durch die Kombination des Emissionsnebels und des Reflexionsnebels entsteht eine optisch eindrucksvolle Szene.

ES IST NUR

KAPITEL 34: SCHMETTERLINGSNEBEL M2-9

Der Schmetterlingsnebel, auch bekannt als M2-9, ist ein faszinierender planetarischer Nebel im Sternbild Schlangenträger, der einem fliegenden Schmetterling ähnelt. Aufgrund seiner einzigartigen Schönheit und strukturellen Komplexität ist es eines der am meisten untersuchten und fotografierten Himmelsobjekte.

Was die physikalischen Eigenschaften angeht, hat der Schmetterlingsnebel eine beeindruckende Struktur. Es besteht aus zwei hellen Lappen, die sich vom Zentralstern nach außen erstrecken, und einem dunklen, gürtelartigen Zentralbereich, der ihm das Aussehen eines Insektenkörpers verleiht. Diese faszinierende Struktur ist das Ergebnis komplexer Wechselwirkungen zwischen dem sterbenden Stern im Zentrum des Nebels und dem von ihm ausgestoßenen Material.

Der Zentralstern des Nebels ist ein extrem heißer und dichter Weißer Zwerg mit einer Oberflächentemperatur von rund 70.000 Grad Celsius. Es ist dafür verantwortlich, das Gas um ihn herum zu ionisieren und es so hell leuchten zu lassen. Die chemische Zusammensetzung des Schmetterlingsnebels wird von Wasserstoff und Helium sowie Spuren anderer schwererer Elemente dominiert.

Er liegt etwa 2.100 Lichtjahre von der Erde entfernt, was bedeutet, dass das Licht, das wir heute sehen, den Nebel vor 2.100 Jahren verlassen hat. Seine scheinbare Helligkeit liegt bei etwa 13, sodass er nur mit mittleren und großen Teleskopen sichtbar ist.
Eine der interessantesten Fakten über den Schmetterlingsnebel ist seine klar definierte und symmetrische Form. Diese Symmetrie ist bei planetarischen Nebeln ungewöhnlich, wo häufig unregelmäßigere Strukturen beobachtet werden. Astronomen glauben, dass die Symmetrie des Schmetterlingsnebels das Ergebnis der Wechselwirkung zwischen dem vom Zentralstern ausgestoßenen Material und einer Scheibe aus zirkumstellarem

Staub ist.

(Foto: NASA, ESA und J. Kastner (RIT))

Darüber hinaus deuten neuere Studien darauf hin, dass sich der Nebel möglicherweise in einer Expansionsphase befindet, da der Zentralstern weiterhin an Masse verliert. Dies trägt zur dynamischen Entwicklung des Nebels im Laufe der Zeit bei.

Dieser Nebel ist für Astronomen ein Objekt von großem Interesse, da er wertvolle Informationen über die Sternentwicklung und die physikalischen Prozesse liefert, die bei der Entstehung planetarischer Nebel ablaufen. Detaillierte Untersuchungen dieses Nebels wurden mit verschiedenen Wellenlängen durchgeführt, darunter Radio-, Infrarot- und Röntgenbeobachtungen, die es Wissenschaftlern ermöglichten, verschiedene Aspekte seiner Struktur und Zusammensetzung zu untersuchen.

Bild: Hubble

KAPITEL 35: NGC 3242 – GEIST DES JUPITER

NGC 3242, auch bekannt als Space Phantom Nebula, ist ein planetarischer Nebel im Sternbild Hydra (Hydra). Er ist weithin für sein geisterhaftes Aussehen bekannt und ist wie der Schmetterlingsnebel für Astronomen und Weltraumbegeisterte von großem Interesse.

NGC 3242 weist eine sehr komplexe Struktur auf. In seinem Zentrum befindet sich ein heller, heißer Zentralstern, der als Weißer Zwerg bekannt ist. Dieser Stern ist der übrig gebliebene Kern eines sonnenähnlichen Sterns, dessen Kernbrennstoff bereits erschöpft ist und dessen äußere Schichten in den Weltraum geschleudert wurden. Der Zentralstern sendet intensive ultraviolette Strahlung aus, die den Nebel zum Leuchten bringt.

Der Weltraumphantomnebel besteht hauptsächlich aus Wasserstoff und Helium, den am häufigsten vorkommenden Elementen im Universum. Es enthält jedoch auch eine Vielzahl anderer Elemente wie Sauerstoff, Stickstoff und Kohlenstoff. Diese Elemente entstehen im Kern von Sternen während ihrer Entwicklung und werden in den Weltraum freigesetzt, wenn sich der Stern in einen planetarischen Nebel verwandelt.

Bezogen auf seine Entfernung von der Erde ist NGC 3242 etwa 1.400 Lichtjahre entfernt. Das bedeutet, dass das Licht, das wir heute sehen, den Nebel vor 1.400 Jahren verlassen hat. Seine scheinbare Helligkeit beträgt etwa 7, was ihn unter idealen Bedingungen mit bloßem Auge sichtbar macht und ein faszinierendes Ziel für Teleskopbeobachtungen darstellt.

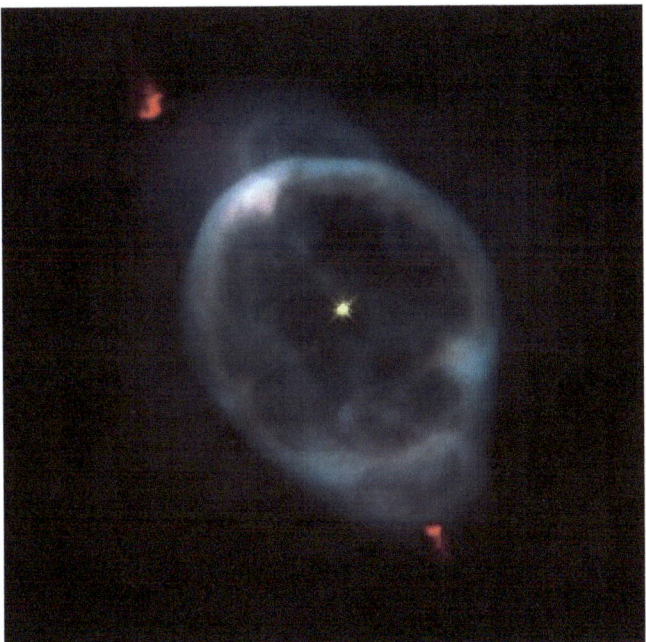

Geisterjupiter/ NASA/ESA

Eine interessante Kuriosität an NGC 3242 ist das Vorhandensein filamentöser Strukturen in seiner zentralen Region, die sich in verschiedene Richtungen erstrecken. Diese Strukturen werden durch Material gebildet, das der Zentralstern während seines Roten-Riesen-Stadiums ausstößt, bevor er zu einem planetarischen Nebel wird. Die Filamente sind das Ergebnis komplexer Wechselwirkungen zwischen dem sterbenden Stern und dem umgebenden interstellaren Medium.

Bildnachweis: NASA

Ein weiteres bemerkenswertes Merkmal von NGC 3242 ist das Vorhandensein eines hellen Rings aus ionisiertem Gas um den Zentralstern. Dieser Ring ist das Ergebnis dynamischer Kräfte, die auf das vom Stern ausgeworfene Material einwirken. Diese Struktur ist ein gemeinsames Merkmal vieler planetarischer Nebel und ist das Ergebnis der Wechselwirkung zwischen dem Zentralstern und dem ihn umgebenden Gas.

NGC 3242 ist für Astronomen ein Objekt von großem Interesse, da seine Untersuchung ein besseres Verständnis der Sternentwicklung und der physikalischen Prozesse ermöglicht, die bei der Entstehung planetarischer Nebel ablaufen. Darüber hinaus bietet der Nebel auch Informationen über die Häufigkeit verschiedener chemischer Elemente im Universum.

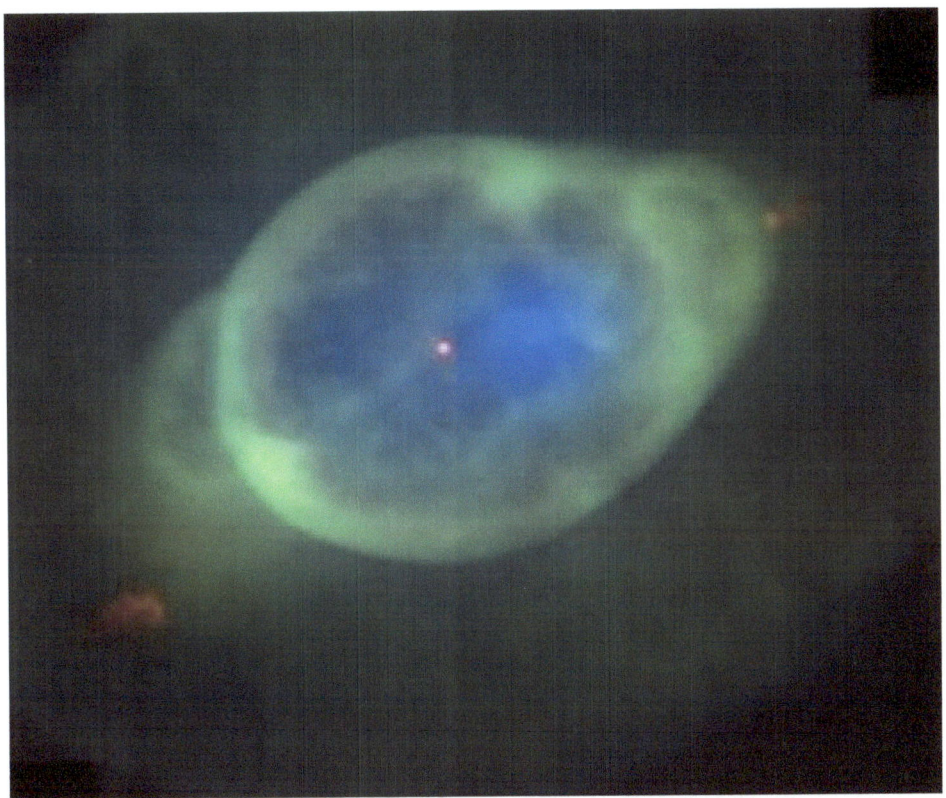

Dieses Bild kombiniert vom XMM-Newton-Teleskop gesammelte Röntgendaten (blau) mit optischen Beobachtungen von Hubble (grün und rot). Bildnachweis: ESA/XMM-Newton/Y.-H. Chu / RA Gruendl / MA Guerrero / N. Ruiz / NASA / Hubble Team / A. Hajian / B. Balick.

KAPITEL 36: HANTELNEBEL (HANTEL) M 17

NGC 6853, auch bekannt als Hantelnebel (Hantelnebel), ist ein planetarischer Nebel im Sternbild Vulpecula (Zorro). Dieser Nebel ist aufgrund seines besonderen Aussehens und seiner einzigartigen Eigenschaften eines der bekanntesten und am besten untersuchten Himmelsobjekte.

Der Hantelnebel hat eine charakteristische Form, die der Form einer „Hantel" oder einer länglichen Glocke ähnelt. Es besteht aus einem hellen zentralen Bereich, der als „innere Hantel" bezeichnet wird, und zwei dunkleren äußeren Bereichen, die als „äußere Hantel" bezeichnet werden. Diese eigenartige Struktur ist das Ergebnis der Wechselwirkung zwischen dem sterbenden Zentralstern und der von ihm ausgestoßenen Materie.

Der Zentralstern von NGC 6853 ist ein extrem heißer und dichter Weißer Zwerg, das Ergebnis der Entwicklung eines sonnenähnlichen Sterns. Seine intensive ultraviolette Strahlung ist dafür verantwortlich, das ihn umgebende Gas zu ionisieren und den Nebel zum Leuchten zu bringen. Die chemische Zusammensetzung des Nebels umfasst hauptsächlich Wasserstoff und Helium, die am häufigsten vorkommenden Elemente im Universum, sowie Spuren von Sauerstoff, Stickstoff, Kohlenstoff und anderen schwereren Elementen.

Gemessen an der Entfernung von der Erde ist NGC 6853 etwa 1.360 Lichtjahre entfernt. Das bedeutet, dass das Licht, das wir heute sehen, den Nebel vor etwa 1.360 Jahren verlassen hat. Mit einer scheinbaren Helligkeit von etwa 8 kann der Hantelnebel leicht mit einem kleinen Teleskop oder Fernglas gesehen werden.

M27: Der Hantelnebel Bild und Urheberrecht: Bill Snyder (Foto von Bill Snyder)

Eine der interessantesten Fakten über NGC 6853 ist das Vorhandensein von fadenförmigen Strukturen und Blasen rund um den Nebel. Diese Merkmale sind das Ergebnis komplexer Wechselwirkungen zwischen dem Zentralstern und dem interstellaren Medium. Es wird angenommen, dass diese Strukturen durch Material gebildet werden, das der Stern in früheren Stadien seiner Entwicklung ausstößt.

Ein weiterer faszinierender Aspekt des Hantelnebels ist seine Ausbreitung in den umgebenden Raum. Studien deuten darauf hin, dass sich der Nebel mit einer Geschwindigkeit von etwa 31 km/s ausdehnt. Diese Erweiterung enthüllt wichtige Informationen über die Entwicklungsgeschichte des Zentralsterns und die physikalischen Prozesse, die bei der Entstehung planetarischer Nebel ablaufen.

NGC 6853 ist aufgrund seiner charakteristischen Form und besonderen Merkmale ein beliebtes Ziel unter Astronomen. Durch detaillierte Studien und Beobachtungen bei verschiedenen Wellenlängen wie Radio, Infrarot und Röntgenstrahlen können Wissenschaftler wertvolle Informationen über die Sternentwicklung, die Nebeldynamik und die Chemie des Universums gewinnen.

Bild: Martin Pugh

KAPITEL 37: EULENNEBEL – MESSIER 97 – NGC 3587

Der Eulennebel, auch bekannt als M97 oder NGC 3587, ist ein planetarischer Nebel im Sternbild Ursa Major. Den Namen „Eule" erhält sie aufgrund ihrer Ähnlichkeit mit den hellen, durchdringenden Augen einer Eule, wenn man sie durch ein Teleskop betrachtet.

Bild: IT

Der Nebel hat eine charakteristische Struktur, die aus einem hellen Kern und zwei dunkleren Außenregionen besteht und den „Augen" einer Eule ähnelt. Diese Struktur wird durch Material gebildet, das von einem sterbenden Zentralstern ausgestoßen wird, der zu einem heißen und dichten Weißen Zwerg geworden ist.

Der Zentralstern des Eulennebels ist für die Ionisierung des ihn umgebenden Gases verantwortlich, was den Nebel zum Leuchten bringt. Die chemische Zusammensetzung dieses Nebels ähnelt der anderer planetarischer Nebel und besteht überwiegend aus Wasserstoff und Helium sowie Spuren schwererer Elemente wie Sauerstoff, Kohlenstoff und Stickstoff.

Gemessen an der Entfernung von der Erde ist der Eulennebel etwa 2.030 Lichtjahre entfernt. Das bedeutet, dass das Licht, das wir heute sehen, den Nebel vor etwa 2.030 Jahren verlassen hat. Mit einer scheinbaren Helligkeit von etwa 9 kann er mit einem Amateurteleskop gesehen werden.

Eine der interessantesten Fakten über den Eulennebel ist seine symmetrische Form und seine Ähnlichkeit mit dem Gesicht einer Eule. Dieses faszinierende Merkmal ist das Ergebnis der Wechselwirkung zwischen dem Zentralstern und dem ausgestoßenen Material sowie den inneren Strukturen des Nebels.

Darüber hinaus haben neuere Studien das Vorhandensein einer komplexen fadenförmigen Struktur innerhalb des Nebels gezeigt, die möglicherweise das Ergebnis der Wechselwirkung zwischen dem ausgestoßenen Material und Magnetfeldern ist. Diese fadenförmige Struktur trägt zum Verständnis der physikalischen Prozesse bei, die bei der Entstehung planetarischer Nebel ablaufen.

Der Eulennebel ist ein Himmelsobjekt von großem Interesse für Astronomen, da er wertvolle Informationen über die Sternentwicklung und die letzten Stadien im Leben eines Sterns liefert. Detaillierte Untersuchungen dieses Nebels ermöglichen es, die Dynamik des ausgestoßenen Materials, die Wechselwirkungen mit dem interstellaren Medium und die Verteilung chemischer Elemente im Universum zu untersuchen.

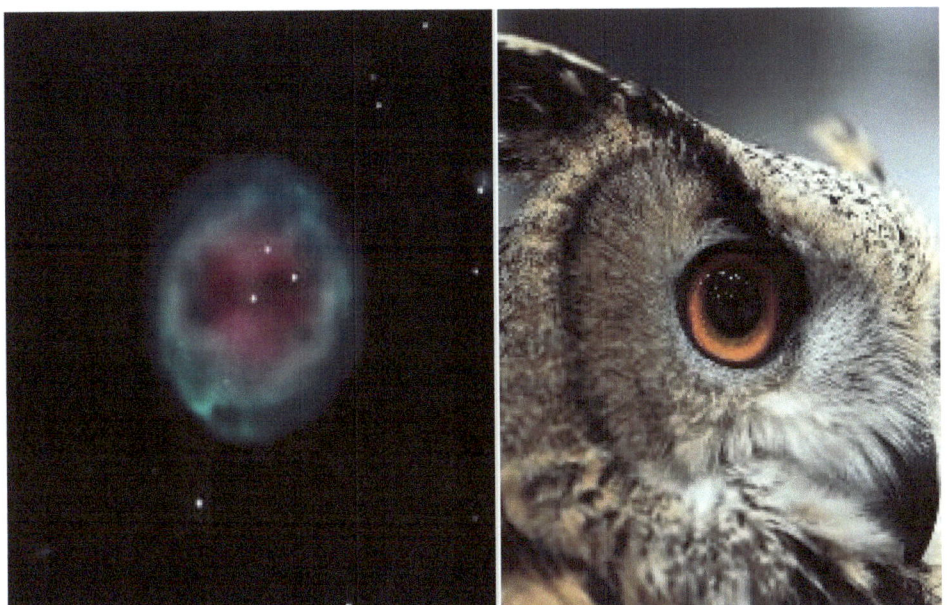

Bild: Reproduktionsfoto

KAPITEL 38: IC 3568 – ZITRONENSCHEIBE

IC 3568 ist ein planetarischer Nebel im Sternbild Camelopardalis (Chamäleon).

Der IC 3568-Nebel wird von einem sterbenden Zentralstern, einem sogenannten Weißen Zwerg, gebildet, der von Material umgeben ist, das während der Phase des Roten Riesen seiner Entwicklung ausgestoßen wurde. Der Zentralstern sendet intensive ultraviolette Strahlung aus, die das umgebende Gas ionisiert und den Nebel zum Leuchten bringt.

Was die chemische Zusammensetzung betrifft, besteht IC 3568 hauptsächlich aus Wasserstoff und Helium, den am häufigsten vorkommenden Elementen im Universum. Es enthält jedoch auch Spuren anderer schwererer Elemente wie Sauerstoff, Stickstoff und Kohlenstoff. Diese Elemente entstehen im Kern von Sternen während ihrer Entwicklung und werden in den Weltraum freigesetzt, wenn sich der Stern in einen planetarischen Nebel verwandelt.

IC 3568 befindet sich in einer Entfernung von etwa 2,9 Kiloparsec von der Erde. Das bedeutet, dass das Licht, das wir heute sehen, den Nebel vor etwa 3.000 Jahren verlassen hat. Mit einer scheinbaren Helligkeit von etwa 10 kann IC 3568 mit Hilfe eines Amateurteleskops gesehen werden.

Eine interessante Kuriosität an IC 3568 ist das Vorhandensein filamentöser Strukturen in seinem Inneren. Diese Strukturen können das Ergebnis komplexer Wechselwirkungen zwischen dem Zentralstern und dem ausgeworfenen Material sowie magnetischen Kräften in der Region sein. Diese Filamente tragen zum unverwechselbaren Erscheinungsbild des Nebels bei.

Darüber hinaus zeigen aktuelle Studien, dass IC 3568 einen asymmetrischen Expansionsprozess durchläuft. Dies deutet darauf hin, dass der Nebel dynamisch mit dem umgebenden interstellaren Medium interagiert. Diese komplexe Dynamik kann wertvolle Informationen über die physikalischen Prozesse liefern, die an der Entwicklung planetarischer Nebel beteiligt sind.

IC 3568 ist für Astronomen ein interessantes Objekt, da seine Untersuchung zum Verständnis der Sternentwicklung, der Endstadien des Sternenlebens und chemischer Prozesse im Universum beiträgt. Durch detaillierte Beobachtungen und spektroskopische Analysen können Wissenschaftler Informationen über die Verteilung chemischer Elemente im Nebel und die laufenden physikalischen Wechselwirkungen gewinnen.

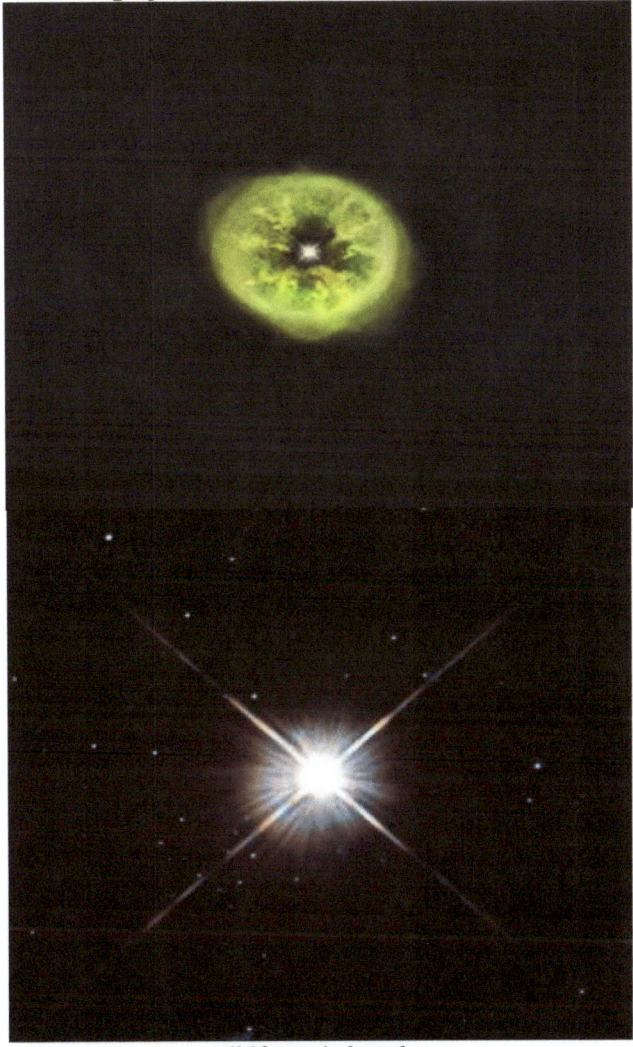

Bildfotowiedergabe

KAPITEL 39: NGC 6369

NGC 6369, auch bekannt als Homunkulusnebel oder Kleiner Geisternebel, ist ein planetarischer Nebel im Sternbild Schlangenträger (Ophiuchus). Dieser Nebel ist für sein faszinierendes Aussehen und seine einzigartigen Eigenschaften bekannt.

Der Homunkulus-Nebel verdankt seinen Namen seiner Ähnlichkeit mit der Form eines kleinen Geistes oder Homunkulus, wenn er in hochauflösenden Bildern betrachtet wird. Es besteht aus Material, das von einem sterbenden Zentralstern ausgestoßen wird, der sich in einen heißen und dichten Weißen Zwerg verwandelt hat. Der Zentralstern sendet intensive ultraviolette Strahlung aus, die das umgebende Gas ionisiert und den Nebel zum Leuchten bringt.

Was die chemische Zusammensetzung betrifft, besteht NGC 6369 hauptsächlich aus Wasserstoff und Helium, den am häufigsten vorkommenden Elementen im Universum. Es enthält jedoch auch schwerere Elemente wie Sauerstoff, Stickstoff und Kohlenstoff, die während seiner Entwicklung im Kern des Sterns synthetisiert und bei der Entstehung eines planetarischen Nebels in den Weltraum freigesetzt wurden.

Die Entfernung des Homunkulusnebels von der Erde wird auf etwa 3.600 Lichtjahre geschätzt. Das bedeutet, dass das Licht, das wir heute sehen, den Nebel vor etwa 3.600 Jahren verlassen hat. Mit einer scheinbaren Helligkeit von etwa 12 kann NGC 6369 mit Amateurteleskopen gesehen werden, obwohl für eine bessere Darstellung seiner Details größere Teleskope bevorzugt werden.

Eine der faszinierendsten Fakten über NGC 6369 ist das Vorhandensein komplexer und symmetrischer Strukturen in seinem Inneren. Diese Strukturen, die konzentrischen Schichten oder Blasen ähneln, sind das Ergebnis von Wechselwirkungen zwischen dem Zentralstern und dem ausgeworfenen Material. Diese Wechselwirkungen können durch das Vorhandensein von

Magnetfeldern beeinflusst werden und wichtige Informationen über die physikalischen Prozesse liefern, die an der Entstehung planetarischer Nebel beteiligt sind.

Eine weitere bemerkenswerte Kuriosität ist die Anwesenheit eines sekundären Weißen Zwergsterns im Homunkulusnebel. Dieser Stern wird als „unsichtbarer Begleiter" bezeichnet und wurde nur indirekt durch spektroskopische Untersuchungen nachgewiesen. Die Anwesenheit dieses Begleitsterns wirft interessante Fragen zur Entstehung und Entwicklung planetarischer Nebel auf.

NGC 6369 ist ein Himmelsobjekt von großem Interesse für Astronomen, da seine Untersuchung zum Verständnis der Sternentwicklung, der Prozesse des Materialausstoßes und der komplexen Wechselwirkungen zwischen Sternen und Gas beiträgt. Durch detaillierte Beobachtungen und spektroskopische Analysen können Wissenschaftler wertvolle Informationen über die Chemie des Universums und die letzten Phasen des Lebens von Sternen gewinnen.

Bildnachweis: ESO/P. Weilbacher (AIP)

KAPITEL 40: NGC 7009 – SATURNNEBEL

NGC 7009, auch bekannt als Saturnnebel oder Eskimonebel, ist ein planetarischer Nebel im Sternbild Wassermann (Wassermann). Dieser Nebel ist berühmt für sein Saturn-ähnliches Aussehen auf Teleskopbildern, da er von einem hellen Ring umgeben ist.

Entstanden durch einen sterbenden Zentralstern, der zu einem heißen und dichten Weißen Zwerg geworden ist. Während der Phase seiner Entwicklung als Roter Riese schleuderte der Zentralstern äußere Gasschichten in einem Prozess aus, der als Hüllenauswurf bekannt ist. Die Wechselwirkung zwischen der intensiven ultravioletten Strahlung des Zentralsterns und dem ausgestoßenen Gas lässt den Nebel leuchten.

Was die chemische Zusammensetzung betrifft, besteht NGC 7009 hauptsächlich aus Wasserstoff und Helium, den am häufigsten vorkommenden Elementen im Universum. Darüber hinaus enthält es Spuren schwererer Elemente wie Sauerstoff, Stickstoff und Kohlenstoff, die während ihrer Entwicklung im Kern von Sternen synthetisiert und in den Weltraum freigesetzt werden, wenn sich der Stern in einen planetarischen Nebel verwandelt.

Die Entfernung des Saturnnebels von der Erde wird auf etwa 2.900 Lichtjahre geschätzt. Das bedeutet, dass das Licht, das wir heute sehen, den Nebel vor etwa 2.900 Jahren verlassen hat. Mit einer scheinbaren Helligkeit von etwa 8 kann NGC 7009 mit Amateurteleskopen beobachtet werden, für eine detailliertere Betrachtung seiner Merkmale werden jedoch größere Teleskope bevorzugt.

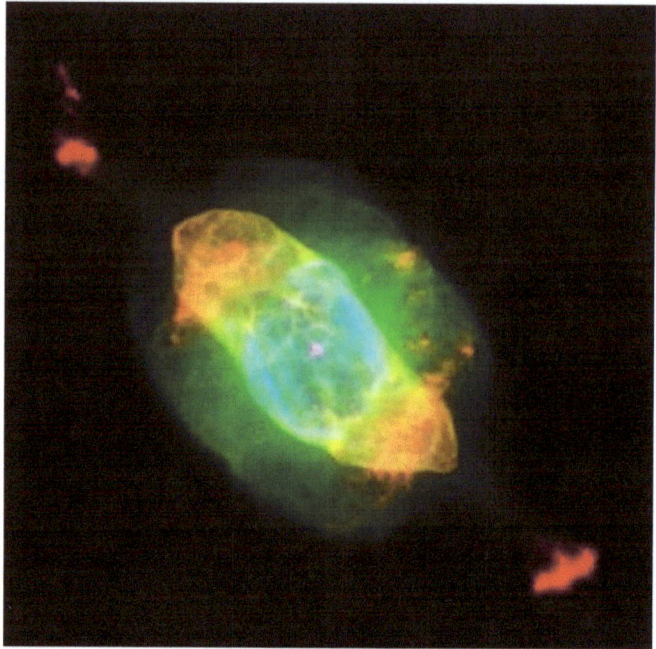

ESA/Hubble

Eine faszinierende Kuriosität an NGC 7009 ist das Vorhandensein eines hellen Rings, der ihn umgibt. Dieser Ring besteht aus Material, das vom Zentralstern ausgestoßen wird und durch die ultraviolette Strahlung des Sterns ionisiert wird, wodurch er sichtbar wird. Die Form und Struktur dieses Rings liefert wertvolle Informationen über die Dynamik des Materials und die physikalischen Prozesse, die an der Entstehung planetarischer Nebel beteiligt sind.

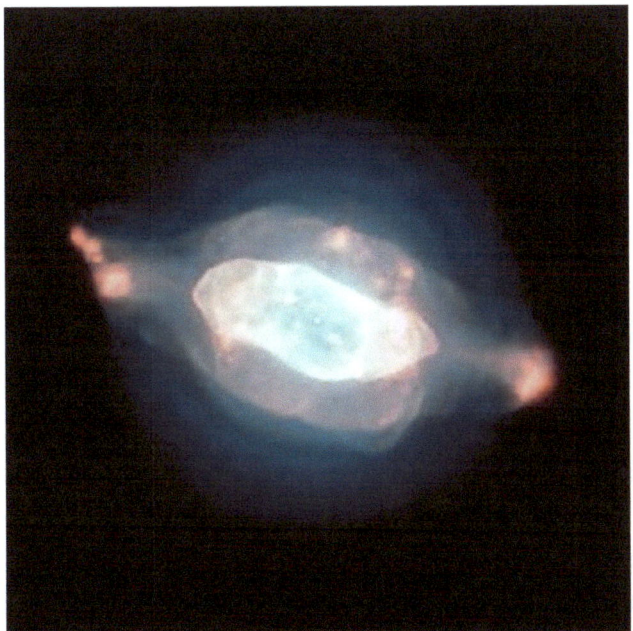

Bildnachweis: ESO/J. Walsh

Eine weitere interessante Kuriosität ist das Vorhandensein zweier symmetrischer Emissionskeulen auf beiden Seiten des Zentralsterns. Diese Lappen sind das Ergebnis der Wechselwirkung zwischen dem Sternwind des Zentralsterns und dem ausgestoßenen Material und bilden Regionen aus stark ionisiertem und leuchtendem Gas.

Der Saturnnebel ist ein wichtiges Studienobjekt für Astronomen, da er wertvolle Informationen über die Sternentwicklung, Materialausstoßprozesse und Stern-Gas-Wechselwirkungen liefert. Detaillierte Studien dieses Nebels helfen, die Geheimnisse der letzten Lebensstadien von Sternen zu lüften und die Chemie des Universums zu verstehen.

FLC-Observatorium

KAPITEL 41: NGC 2392

NGC 2392, auch Eskimonebel genannt, ist ein planetarischer Nebel im Sternbild Zwillinge (Zwillinge). Dieser Nebel ist berühmt für sein eigenartiges Eskimo-Aussehen.

Der Eskimonebel entsteht durch einen sterbenden Zentralstern, der die Phase des Roten Riesen durchlaufen hat und seine äußeren Gasschichten in den Weltraum ausgestoßen hat. Der Zentralstern, heute ein heißer Weißer Zwerg, sendet intensive ultraviolette Strahlung aus, die das umgebende Gas ionisiert und den Nebel zum Leuchten bringt.

Was die chemische Zusammensetzung betrifft, besteht NGC 2392 hauptsächlich aus Wasserstoff und Helium, den am häufigsten vorkommenden Elementen im Universum. Darüber hinaus enthält es Spuren schwererer Elemente wie Sauerstoff, Kohlenstoff und Stickstoff, die während seiner Entwicklung im Kern des Sterns synthetisiert und während der Auswurfphase der Hülle in den Weltraum freigesetzt wurden.

Die Entfernung des Eskimonebels von der Erde wird auf etwa 2.870 Lichtjahre geschätzt. Das bedeutet, dass das Licht, das wir heute sehen, den Nebel vor etwa 2.870 Jahren verlassen hat. Mit einer scheinbaren Helligkeit von etwa 10 kann NGC 2392 mit Hilfe von Amateurteleskopen gesehen werden, obwohl größere Teleskope empfohlen werden, um seine Details besser sehen zu können.

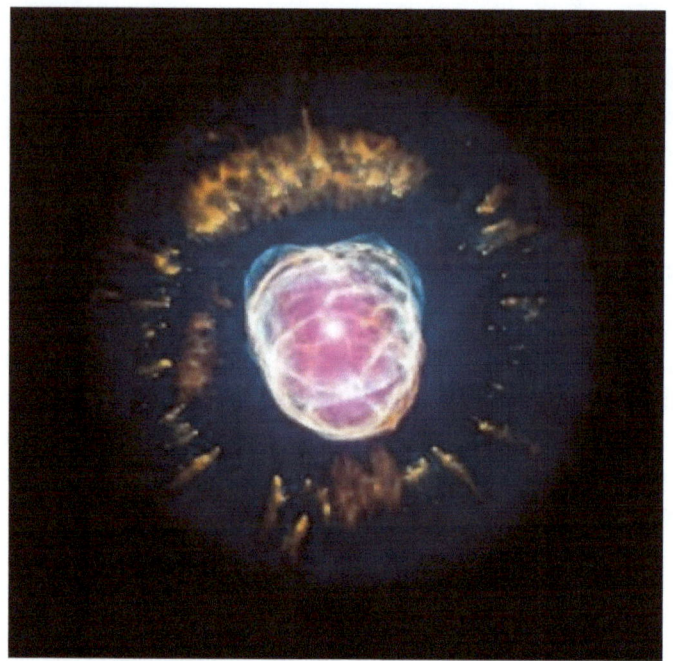

NGC 2392 von Hubble und ChandraBildnachweis: X-Ray: NASA/
CXC/IAA-CSIC/N. Ruiz et al. ; Optik: NASA/STScI

Eine faszinierende Kuriosität an NGC 2392 ist das Vorhandensein einer hellen zentralen Struktur, die einer dichten Scheibe oder einem Ring aus Gas ähnelt. Diese Scheibe ist das Ergebnis der Wechselwirkung zwischen dem Sternwind des Zentralsterns und dem ausgestoßenen Gas. Form und Struktur dieser Scheibe liefern wichtige Informationen über die physikalischen Prozesse bei der Entstehung planetarischer Nebel.

Ein weiteres interessantes Merkmal des Eskimonebels ist das Vorhandensein von fadenförmigen Strukturen und Gasblasen in seinem Inneren. Diese Strukturen entstehen durch komplexe Wechselwirkungen zwischen dem ausgestoßenen Material und dem umgebenden interstellaren Medium. Die Untersuchung dieser Strukturen kann Informationen über die Mechanismen der Ausbreitung und Entwicklung planetarischer Nebel liefern.

NGC 2392 ist ein Objekt von großem Interesse für Astronomen, da seine Untersuchung zum Verständnis der Sternentwicklung, der Endstadien des Sternenlebens und der physikalischen Prozesse bei der Entstehung planetarischer Nebel beiträgt. Detaillierte Beobachtungen und spektroskopische Analysen ermöglichen die Untersuchung der chemischen Zusammensetzung des Nebels, seiner physikalischen Eigenschaften und seiner Wechselwirkung mit dem interstellaren Medium.

KAPITEL 42: IC 2177 – MÖWENNEBEL

Der Schöne Möwennebel, auch bekannt als IC 2177, ist ein Nebel im Sternbild Monoceros (Einhorn). Dieser Nebel verdankt seinen Namen seiner Ähnlichkeit mit einer Möwe im Flug mit ausgebreiteten Flügeln.

Besteht aus einer Mischung aus Gas und kosmischem Staub, in der intensive Sternentstehungsprozesse stattfinden. In seinem Zentrum befindet sich ein junger und massereicher Sternhaufen, der ultraviolette Strahlung und starke Sternwinde aussendet. Diese Strahlung und Sternwinde formen den Nebel und verleihen ihm seine charakteristischen Merkmale.

(Foto mit freundlicher Genehmigung von Bob Franke)

Was die chemische Zusammensetzung betrifft, besteht der Nebel hauptsächlich aus Wasserstoff, dem am häufigsten vorkommenden Element im Universum. Darüber hinaus enthält es Spuren schwererer Elemente wie Sauerstoff, Kohlenstoff und Stickstoff. Diese Elemente werden in den jungen Sternen des zentralen Sternhaufens synthetisiert und während ihrer Entwicklung in den Weltraum freigesetzt.

Die Entfernung von IC 2177 von der Erde wird auf etwa 3.800

Lichtjahre geschätzt. Da der Möwennebel eine relativ geringe scheinbare Helligkeit aufweist, ist für eine genauere Beobachtung im Allgemeinen ein Teleskop erforderlich.

Eine faszinierende Kuriosität am Möwennebel ist das Vorhandensein großer Filamente aus dunklem Staub, die im Kontrast zum hellen Sternenlicht und dem ionisierten Gas stehen. Diese Filamente entstehen durch das Vorhandensein dichter Molekülwolken, die das Licht der dahinter liegenden Sterne blockieren. Durch diese Wechselwirkung zwischen Staub und Sternstrahlung entsteht eine atemberaubende kosmische Landschaft.

Ein weiteres faszinierendes Merkmal ist das Vorhandensein aktiver Sternentstehungsregionen, in denen junge Sterne durch den Gravitationskollaps von Gas- und Staubwolken entstehen. Diese jungen Sterne sind extrem leuchtend und emittieren intensive Strahlung, die zur Beleuchtung des Nebels beiträgt.

Der Möwennebel ist für Astronomen ein Objekt von großem Interesse, da seine Untersuchung wertvolle Informationen über die Sternentstehung und die Entwicklung von Galaxien liefert. Die Interaktion zwischen dem zentralen Sternhaufen, Sternwinden und Molekülwolken bietet einzigartige Einblicke in die physikalischen Prozesse der Sternentstehung und die Dynamik des interstellaren Mediums.

(Foto mit freundlicher Genehmigung von Carlos Taylor)

KAPITEL 43: NGC 1491

NGC 1491 befindet sich in einer geschätzten Entfernung von etwa 10.000 Lichtjahren von der Erde. Diese Entfernung kann aufgrund der neuesten astronomischen Messungen und Berechnungen variieren.

Hinsichtlich der physikalischen und chemischen Zusammensetzung wird NGC 1491 als Emissionsnebel klassifiziert. Diese Nebel werden von heißen, jungen Sternen beleuchtet, deren Strahlung das Gas im Nebel ionisiert und dazu führt, dass es Licht in verschiedenen Farben aussendet.

Der Nebel besteht hauptsächlich aus molekularem Wasserstoff (H2), enthält aber auch andere im interstellaren Medium vorhandene Elemente wie Helium und Spuren schwererer Elemente.

NGC 1491 weist einige interessante Besonderheiten auf: Er hat ein längliches Aussehen und eine charakteristische Filamentstruktur mit Filamenten aus leuchtendem Gas, die sich durch den Nebel erstrecken. Diese Filamente bestehen aus Material, das durch intensive Strahlung nahegelegener Sterne ionisiert wird.

Darüber hinaus weist NGC 1491 in seinem Zentrum auch eine dichtere, dunklere Region auf, die als Dunkelnebel bekannt ist. Diese Bereiche bestehen aus Wolken aus kosmischem Staub, die das Licht der Hintergrundsterne blockieren und so einen auffälligen Kontrast zu dem leuchtenden Gas bilden, das sie umgibt.

Credits: Kanzler der TA (University of Alaska Anchorage),
H. Schweiker und S. Pakzad (NOIRLab/NSF/AURA)

Es wird angenommen, dass es sich bei NGC 1491 um eine Region mit aktiver Sternentstehung handelt, in der durch den Gravitationskollaps von Gas- und Staubwolken neue Sterne entstehen. Die jungen, massereichen Sterne im Nebel emittieren intensive Strahlung, ionisieren das umgebende Gas und erzeugen das visuelle Spektakel, das wir sehen können.

Die Beobachtung von Nebeln wie NGC 1491 hilft uns, die Entstehung und Entwicklung von Sternen besser zu verstehen und liefert Informationen über die Zusammensetzung und Dynamik des interstellaren Mediums. Diese großartigen kosmischen Strukturen sind Gegenstand der Faszination und der fortlaufenden Erforschung durch Astronomen.

Urheber: Ken Crawford / Urheberrecht: Ken Crawford
Rancho Del Sol Observatory

KAPITEL 44: NGC 1535

NGC 1535 befindet sich in einer Entfernung von etwa 5.500 bis 7.500 Lichtjahren von der Erde. Es ist erwähnenswert, dass die astronomischen Entfernungen je nach den neuesten Messungen und Berechnungen variieren können.

Aufgrund seiner physikalischen und chemischen Zusammensetzung wird NGC 1535 als planetarischer Nebel klassifiziert. Im Gegensatz zu Emissionsnebeln entstehen planetarische Nebel spät in der Sternentwicklung, wenn ein sonnenähnlicher Stern seinen Kernbrennstoff erschöpft und seine äußeren Schichten in den Weltraum schleudert.

Die Zusammensetzung von NGC 1535 wird von verdünnten Gasen wie Helium und Wasserstoff dominiert, die Überreste des Muttersterns sind. Der planetarische Nebel kann auch schwerere Elemente wie Stickstoff, Sauerstoff und Kohlenstoff enthalten, die im Laufe seines Lebens im Inneren des Sterns entstanden sind.

NGC 1535 hat einige interessante Eigenheiten. Es hat ein kugelförmiges oder leicht elliptisches Aussehen mit einem hellen Kern und einem diffuseren Außenbereich. Form und Struktur des Nebels sind das Ergebnis der komplexen Wechselwirkung zwischen dem sterbenden Zentralstern und dem während der Phase des planetarischen Nebels ausgestoßenen Material.
Ein bemerkenswertes Merkmal von NGC 1535 ist das Vorhandensein einer dünnen Materialscheibe, die den Zentralstern umgibt. Diese Scheibe ist im Profil zu sehen und wirft einen Schatten auf den umgebenden Nebel. Die genaue Entstehung und Beschaffenheit dieser Scheiben ist immer noch Gegenstand astronomischer Studien und Forschungen.

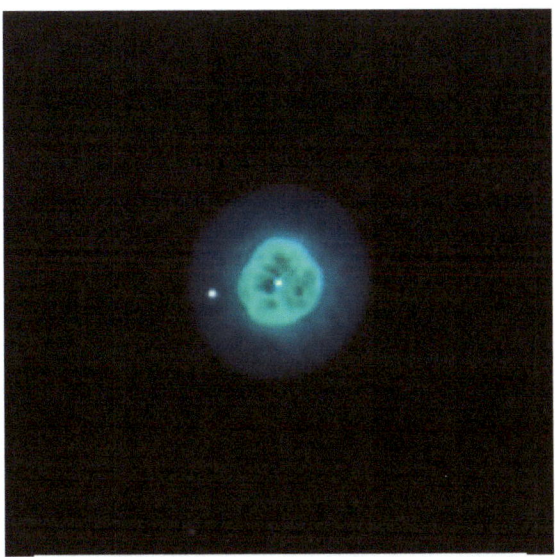

Adam Block (Mont-Lemmon-Observatorium).

Der Zentralstern von NGC 1535 ist ein Weißer Zwerg, ein heißes, dichtes Sternobjekt, das sich aus dem Kernrest seines Muttersterns gebildet hat. Dieser Stern sendet intensive ultraviolette Strahlung aus, die das Gas im Nebel ionisiert und ihn dazu bringt, sichtbares Licht auszusenden.

Die Beobachtung und Untersuchung planetarischer Nebel wie NGC 1535 ist von entscheidender Bedeutung für das Verständnis der Sternentwicklung und des letztendlichen Schicksals sonnenähnlicher Sterne. Diese Nebel liefern Informationen über die physikalischen und chemischen Prozesse, die während der Phase des planetarischen Nebels ablaufen, und sie helfen uns, die Geschichte der Sterne zu verstehen, die sie geschaffen haben.

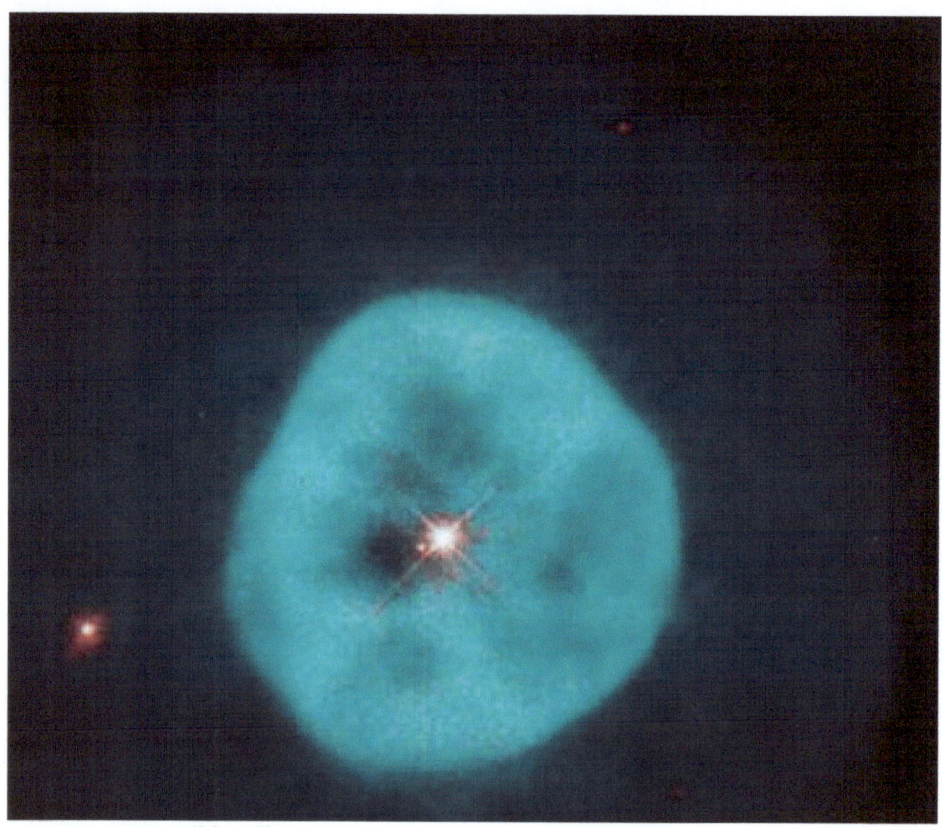

Bildquelle: NASA/ESA/Bond et al. / Gladys Kober, NASA
und die Katholische Universität von Amerika.

SCHLUSSBETRACHTUNGEN

Während wir die riesigen und rätselhaften Regionen des Weltraums erkunden, sind wir von der Komplexität und Schönheit der Nebel beeindruckt. Diese kosmischen Wolken aus Gas und Staub erzählen uns faszinierende Geschichten über die Entstehung und Entwicklung des Universums. Von Emissions- bis hin zu Reflexionsnebeln hat jeder einzelne einzigartige physikalische und chemische Eigenschaften und enthüllt Geheimnisse, die es uns ermöglichen, die Geheimnisse der Kosmologie zu lüften.

Nebel sind Sternkindergärten, in denen neue Sterne geboren werden und wachsen. Es sind Energie- und Materiefelder in ständiger Transformation, in denen die Urelemente durch intensive Kernreaktionen geschmiedet werden. Sternentstehungsprozesse finden inmitten des kosmischen Tanzes von Schwerkraft, Druck und Strahlung statt und sorgen für ein atemberaubendes Spektakel.

Diese riesigen Regionen aus Gas und Staub sind nicht nur wunderschön, sondern beherbergen auch faszinierende Kuriositäten. Von jungen, massereichen Sternen, die ihre Umgebung formen, bis hin zu dunklen Staubwolken, die dem Licht widerstehen – Nebel bescheren uns eine Vielzahl faszinierender Phänomene.

Jeder Nebel ist einzigartig, mit seinen eigenen Eigenschaften und Besonderheiten. Einige weisen eigenartige Formen wie Ringe, Fäden oder längliche Strukturen auf, während andere uns mit leuchtenden Farben und dramatischen Kontrasten überraschen. Jede Beobachtung enthüllt Details, die uns dem Verständnis, wie kosmische Kräfte interagieren und das Universum formen, einen Schritt näher bringen.

Neben ihrer Schönheit und Komplexität spielen Nebel eine Schlüsselrolle für unser Verständnis des Kosmos. Sie liefern wichtige Hinweise zur Entstehung von Sternen und Planeten sowie zur Sternentwicklung und der Physik kosmischer Prozesse. Durch die Untersuchung von Nebeln begeben wir uns auf eine wissenschaftliche Entdeckungsreise, die uns hilft, die Geheimnisse des Universums zu entschlüsseln.

Am Ende unserer Erkundung der Welt der Nebel werden wir daran erinnert, dass es außerhalb unserer Augen noch viel zu entdecken gibt. Jeder Nebel ist eine bescheidene Erinnerung an die Weite und das Wunder des Weltraums und inspiriert uns, unsere Suche nach Wissen fortzusetzen und die Geheimnisse zu erforschen, die jenseits des Horizonts liegen.

Die Nebel laden uns ein, über die Schönheit des Universums nachzudenken, Antworten auf tiefe Fragen zu suchen und die Grenzen unseres Verständnisses zu erweitern. Möge diese Reise in die Nebel und darüber hinaus niemals enden, während sie uns weiterhin fesseln und herausfordern und uns daran erinnern, dass wir Teil eines riesigen Kosmos voller noch unbekannter Wunder sind.

BIBLIOGRAFISCHE HINWEISE

Hubble geht auf High-Definition zurück, um die ikonischen „Säulen der Schöpfung" erneut zu betrachten.".TOPF. 5. Januar 2015. Zugriff am 6. Januar 2023.

Bejger, M.; Hänsel, P. (2003). „Beschleunigte Expansion des Krebsnebels und Bewertung seiner Neutronensternparameter". Astronomie und Astrophysik (auf Englisch). 405. S. 747–751.

Bietenholz, MF; Kronberg, PP; Hogg, DE; Wilson, AS (1991). „Die Ausdehnung des Krebsnebels". Astrophysikalische Tagebuchbriefe. 373. S. L59-L62.

Bowyer, S.; Byram, ET; Chubb, TA; Friedman, H. (1964). „Mondbedeckung der Röntgenemission aus dem Krebsnebel". Wissenschaft. 146 (3646). Seiten. 912–917.

Curtis, Heber D. (1918). „Planetarische Nebel". Veröffentlichungen des Lick Observatory (auf Englisch) (13). Seiten. 55–74.

Duncan, John C. (1921). „Beobachtete Veränderungen im Krebsnebel im Stier". Tagungsband der National Academy of Sciences der Vereinigten Staaten von Amerika. 7 S. 179–80.

Flagey, Nicholas; et al. (Januar 2009). „Der durch die Spitzer/MIPSGAL-Durchmusterung enthüllte Adlernebel" . Bulletin der American Astronomical Society. 41(1):37.

Frommert, Hartmut; Kronberg, Christine (18. Juni 2007).„Charles Messier (26. Juni 1730 – 12. April 1817)".Studierende für die Erforschung und Entwicklung des Weltraums (SEDS). Zugriff am 7. Januar 2023.

GURZADYAN, GA (1997). Die Physik und Dynamik planetarischer Nebel. [SL]: Springer. ISBN 9783540609650

HARPAZ, A. (1994). Sternentwicklung. [DE]: AK Peters. ISBN 978-1-568-81012-6

ILIADIS, Christian (2007). Kernphysik der Sterne. Lehrbuch der

Physik. [Sl]: Wiley-VCH. ISBN 978-3-527-40602-9.

KWOK, Sol (2000). Der Ursprung und die Entwicklung planetarischer Nebel. [SL]: Cambridge University Press. ISBN 978-0521623131.

Lampland, Carl O. (1921). „Beobachtete Veränderungen in der Struktur des „Krabben"-Nebels (NGC 1952)". Veröffentlichungen der Pacific Astronomical Society. 33. S. 79–84.

Lundmark, K. (1921). „Verdacht auf neue Sterne, die in alten Chroniken und bei jüngsten Meridianbeobachtungen aufgezeichnet wurden". Veröffentlichungen der Pacific Astronomical Society. 33. 225 Seiten.

MacAlpine, Gordon M.; Ecklund, Tait C.; Lester, William R.; Vanderveer, Steven J.; Strolger, Louis-Gregory (2007). „Eine spektroskopische Untersuchung des Kernprozesses und der Entstehung ungewöhnlich starker Linien im Krebsnebel". Astronomisches Journal. 133(1). Seiten. 81–88.

Minkowski, R. (1942). „Der Krebsnebel". Astrophysikalisches Journal. 96. S. 199.
NEU | Ursprünge | Die Säulen der Schöpfung Bild 1». PBS. Zugriff am 6. Februar 2023.

OSTERBROCK, DE; Ferland, GJ (2006). Astrophysik gasförmiger Nebel und aktiver galaktischer Kerne 2. Aufl. [Sl]: Wissenschaftsbücher der Universität. ISBN 978-1-891-38934-4.

Sanford, Roscoe F. (1919). „Spektrum des Krebsnebels". Veröffentlichungen der Pacific Astronomical Society. 31, S. 108–9.

Shiga, David (10. Januar 2007).„,Säulen der Schöpfung' durch Supernova zerstört". Zugriff am 4. Januar 2022.
Shklovskii, Iosif (1953). „Über die Natur der optischen Emission aus dem Krebsnebel". Doklady Akademii Nauk SSSR (auf Englisch). 90. S. 983.

Slipher, Vesto M. (1915). "Natur". Natur (auf Englisch). 95. 185 Seiten.Bibcode:1915Natur..95..185S.

Trimble, Virginia Louise (1973). „Die Entfernung zum Krebsnebel und NP 0532". Veröffentlichungen der Pacific Astronomical Society. 85 (507). S. 579.Bibcode:1973PASP...85...579T.Tut weh:10.1086/129507.

ZEILIK, Michael A.; Gregory, Stephan A. (1998). Einführung in die Astronomie und Astrophysik. [Sl]: Saunders College Publishing. ISBN 00-30062-28-4